テレビ社会ニッポン

自作自演と視聴者

太田省一
OTA Shoichi

せりか書房

テレビ社会ニッポン——自作自演と視聴者　目次

序章　視聴者への〝解放〟――テレビ社会としての戦後日本

「テレビが、一番の友達だった」

テレビ番組やその出演者・スタッフについて書かれた本は多いが、もう一方で視聴者の具体的な姿をとらえた本は少ない。番組の内容や出演者・スタッフの仕事は記録や記憶に残りやすいが、それをテレビの前で見ていた視聴者の思いは、視聴率という統計的な数字からぼんやりと推測するしかないことがほとんどである。

そのなかで異彩を放つのが、写真家・ノンフィクション作家の瀬戸山玄が著した『テレビを旅する』（一九九八）だ。瀬戸山が北海道から沖縄まで全国各地を旅しながら、さまざまな境遇のなかでテレビを見る視聴者の姿と人生を活写した本である。

そのなかで紹介されているひとりが視聴者Fさんだ（注：以下、瀬戸山玄『テレビを旅する』、二二八―二三一頁に基づく）。

Fさんは生後一年未満で脳性小児マヒになり、それ以来重い障害とともに生きることになった。時は一九五八年、テレビ放送の電波を送出する目的で建設された東京タワーが完成した年だ。翌一九五九年には皇太子ご成婚パレードの中継、さらに一九六〇年には日本で最初のテレビ情報誌が創刊されるなど、テレビの急速な普及期であった。

ご多分に漏れず、幼いFさんもテレビに夢中になった。『鉄腕アトム』が初めてアニメ化されて人気になったのが一九六三年、さらに一九七〇年代に入ると天地真理や山口百恵など、アイドル歌手の全盛期になる。幼少期から思春期になる多感な年代のFさんが、テレビに強く惹きつけられるのは自然なことだった。

成人した二十代のFさんは、マンションで一人暮らしをするようになった。とはいっても、日常生活ではトイレに行くのでも介助者の世話にならないといけない。また身体と心の緊張をほぐすための薬も日に三度服用しなければならない。

そんな生活のなか、一人になるためにFさんはテレビを見る。「テレビが、一番の友達だった」と語るFさんにとって、テレビの娯楽は生命力を蘇らせてくれるものなのだ。

一九六〇年生まれでほぼ同世代の私にとって、こうしたFさんのテレビとの付き合い方は、障害のあるなしとは無関係にすんなりと理解できる部分がある。テレビは友人のようなものであり、テレビを見ると元気になり、解放感を味わうことができる。そんな体験を私もしてきた。

だから、「ひとはなぜテレビを見るのか?」という問いに対して、本書では「視聴者が自由を得るため」と答えたい。テレビを見ることは自由になることなのだ。

すぐにはピンとこないひともいるだろうし、かく言う私自身、この答えがテレビというメディアと視聴者のあいだの関係として普遍的に当てはまるものかはわからない。ただ少なくとも、戦後日本社会——そもそも日本の場合、テレビの本放送が始まったのが一九五三（昭和二八）年なので、戦後のある時期以降ということになるのだが——についてはそう言えるのではないか、というのが本書の出発点である。

視聴者への〝解放〟

第二次世界大戦に敗戦した日本を占領統治したＧＨＱは、政治、経済、教育などさまざまな分野で次々に民主化政策を打ち出した。そのベースにあったのが統治政策の中心であったアメリカ流の民主主義である。因習を打破し、個人の自由と平等を最大限に尊重しようとする、いわゆる「戦後民主主義」がそこで始まった。

同時に、生活水準が徐々に回復するとともにアメリカ流のライフスタイルも日本人にとっての憧れの的になった。それは、一九五〇年代半ばからの高度経済成長の実現によって少しずつ手の届くものになっていく。「三種の神器」や「３Ｃ」と呼ばれた高級消費財を、多少の無理はしてもどの家庭もこぞって買い揃えるようになった。そしてそのいずれにも入っていたのが白黒テレビとカラーテレビ、すなわちテレビであった。

この一事だけでも、テレビが私たちの生活の懐深くに入り込んだことがよくわかる。平たく言えば、日本人はテレビ好きになった。

その大きな理由は、当たり前と言えば当たり前だが、テレビが「盛り上がった」からだ。草創期の街頭テレビのプロレスや高度経済成長期の『NHK紅白歌合戦』など、テレビはその時々で視聴者に胸躍る娯楽を提供してきた。また皇太子ご成婚パレードや東京オリンピックのような国家的イベントの生中継も、テレビならではのこれからなにが起こるのかを期待させるわくわく感を味わわせてくれた。同じことは、大きな事件の中継などにも言えるだろう。語弊があるかもしれないが、たとえばテレビ史上有名な一九七二年のあさま山荘事件の長時間に及ぶ生中継にも似たような意味で「盛り上がる」側面があったことは間違いないはずだ。

もちろん、そこで「盛り上がった」のは視聴者である。そしてそれは、視聴者にとっての〝解放〟と表裏一体のものだった。

先ほどGHQがアメリカ流の民主主義を戦後日本社会に定着させようとしたことにふれた。ただし、それは必ずしもスムーズにはいかなかった。米ソの緊張関係の高まりによる国際情勢の変化、いわゆる冷戦状況があり、GHQ自体が安全保障体制の見直しを含めた政策の大幅な方針転換を打ち出した。一九六〇年の安保騒動の結末を思い出すまでもなく、「戦後民主主義」は理念としては存続したものの、現実の状況の変化のなかで苦難の道を歩むことになる。

そうしたなかで、テレビを見ることには「戦後民主主義」の根幹である個人の〝自由〟と〝平等〟があった。

テレビを見ることにおいて、ひとはその属性を誰からも問われない。性別、年齢、職業、出身地などいずれもテレビを見ることを妨げる理由にはならない。そもそもマスメディアであるテレビにおいて、そうした属性をあらかじめチェックすることは基本的に不可能だ。だから視聴者であるときは、ひとはみな対等でいられる。その意味で、テレビは〝平等〟である。

それはイコール、テレビを見ている瞬間においては、誰もが現実のさまざまな制約から〝解放〟されているということである。

なるほどその人がサラリーマンや自営業者であり、主婦や学生であるといったこと、さらには前述のFさんのように障害のある身であることなどは、テレビの見方や感じ取り方に影響を及ぼすには違いない。だが視聴者として楽しむという水準においては、そうした属性から〝自由〟な部分が存在する。すなわち、視聴者であることによって、ひとはいかなる帰属への要請からも一定の距離を置くことが可能になる。そこには「自己自身からの解放」がある。

確かにそうして得られる〝自由〟は、格好のいいものではなく、現実逃避と言われて致し方のない面もある。家の居間で寝そべってテレビを見る自由はいかにもだらしないし、またどこからもチェックされないのをいいことに「盛り上がれば」いいという態度は無責任でもある。実際、テレビ批判のひとつである「観客民主主義」の指摘は、その点を批判するものだ。

しかし、そうしたテレビを見る自由は、戦後日本社会における唯一の、とは言わないまでも数少ない〝民主主義〟の実現だったとは言えないだろうか？　少なくともそれは、戦後日本社会に生きる少なからぬ人たちにとって得難い自由だったのではあるまいか？　私たちは、テレビを見ることによって確実に〝解放〟されたのである。

そのことを本書では、「視聴者への〝解放〟」と呼びたい。テレビを見ることは形式的には誰かが作った番組を受け取るだけの受け身な行為かもしれないが、そこには〝自由〟と〝平等〟を実現するという能動的な部分が内在していた。

テレビは自作自演的習性を持つ

ただし、そこにはひとつ大きな条件があった。視聴者がテレビによる自作自演を許容することである。「視聴者への〝解放〟」の実現は、テレビの自作自演性とセットのものだった。

テレビが自作自演的であるとはどういうことか？

ご存知のように、音楽や舞台の世界などでは自分で作った曲や脚本を自ら実演することをそのように表現する。たとえば、自作の楽曲を自分で歌う「シンガーソングライター」は、典型的な自作自演ということになる。だがこれからテレビについて述べる自作自演は、それよりもかなり広い意味合いで用いている。

以前別のところ（注：長谷正人との共編著『テレビだョ！全員集合　自作自演の1970年代』（青弓社、二〇〇七年）において、自作自演を鍵概念として一九七〇年代のテレビについて考察したことがある。本書は、記述する対象となる時代の範囲を拡大するとともに私なりの視点から考察を発展させたものである）でも書いたが、端的に言えば、自作自演とは「自分でやったことなのに素知らぬふりをすること」である。テレビは、自らが当の出来事をお膳立てしたり仕掛けたりしておきながら、あたかも自分とは無関係にその出来事が起こっているかのように伝えようとする傾向を持つ。それは、テレビがテレビとしての固有の地位を獲得しようとするなかで身につけた習性である。

たとえば、ワイドショーや情報番組が自局のドラマの平均視聴率が20％を超えたことを大々的に取り上げる場合がある。とはいえ実際のところ、19％と20％の間に実質的な差はほとんどない。統計学的な誤差を考えれば、そこに特別な線引きをする根拠すら怪しいだろう。しかしテレビにおいては、そこにあたかも大きな違いがあるように話は進んでいく。そしてそのように番組で取り上げること自体が、当のドラマをめぐるブームの一環を構成することになる。だがテレビはその現象をあくまで自らとは切り離して伝えようとする。

こうしたテレビの自作自演的傾向に対しては、批判的な目が向けられてきた。D・ブーアスティンの疑似イベント論を始めとするマスメディア批判は、そのひとつである。疑似イベント論によれば、現代社会においてマスメディアは、ニュースを〝伝える〟のではなく〝製造する〟。言い換えれば、現実よりもイメージが先行し、果てにはイメージの方が現実となる（ブーアスティン『幻影の時代』）。

当然、そこには捏造ややらせという問題が付随する。たとえば、二〇〇七年一月七日放送の『発掘！あるある大辞典』（関西テレビ制作）が納豆のダイエット効果を取り上げてブームになったが、その際番組中のデータを捏造したことが明るみに出、その結果番組が終了に追い込まれた事件などは典型的なものだろう。

しかし、本書で強調したいのは、先ほどテレビの〝習性〟であると言ったように、自作自演は例外的な事態ではないということである。むしろ誤解を恐れずに言えば、自作自演こそがまさしくテレビなのだ。

これも繰り返し議論されてきたことだが、テレビにおける演出とやらせの境界線はそれほど明快なものではない。バラエティ番組でいかにもハプニングのように見えるところにも、ディレクターによる演出や出演者による演技が必ず入っている。

バラエティの定番のひとつである「どっきり」などは好例であろう。お笑い芸人がターゲットになり、番組側が仕掛けたいたずらに引っ掛けられる。もちろん他人がだまされる場面を見るだけでもそれなりの面白さがある。しかし、それがテレビ的に面白いものになるには、それに加えてだまされる側の反応、いわゆるリアクションも大切になってくる。

たとえば、どっきりのクライマックスで落とし穴に落とされるとき、落ちる瞬間や落ちた後のリアクションによって、面白さは大きく変わってくる。リアクションが素なのか演技なのかわからない場合もある。だがそうであればあるほど、それはテレビ的に優れているという事になる。そしてその微妙な綾を敏感に感じ取ることが、テレビを見る私たち視聴者の資質として求められてもきた。

テレビと視聴者の共犯関係、そしてその解消？

つまりここで大事なのは、視聴者も自作自演の〝片棒を担いで〟いるということである。先述の『発掘！あるある大辞典』のケースだけを見れば、視聴者はだまされた被害者でしかない。しかし、テレビの歴史を一つひとつ振り返れば、視聴者はむしろ自作自演の成立のためにテレビとの共犯関係を営々と築いてきた。

その観点で重要なのは、視聴者参加番組である。テレビの始まった当初から視聴者参加番組は盛んにつくられた。そのなかには、「のど自慢」のような単純なスタイルもあれば、視聴者自らが「どっきり」の仕掛人になるようなもう少し手の込んだものもあった。視聴者参加番組のバリエーションと変遷を見ていけば、テレビの自作自演の歴史のかなりの部分をカバーできると言ってもいいくらいである。この後詳しく見ていくことになるが、視聴者は時代を下るにつれて演者としての自意識を高め、自作自演の維持に自覚的に関わるようになっていく。

加えて強調したいのは、視聴者はテレビを見る行為そのものにおいても自作自演の一端を担うようになっていった点である。

一九八〇年代初頭のマンザイブーム以降、お笑いの掛け合い的なやり取りが世の中に浸透してコミュニケーション一般のモードになっていくなかで、視聴者はテレビに対してツッコむことに一種の生きがいを見いだすようになる。いかにもわざとらしく感じる場面、言い換えればテレビの自作自演性が露呈したような場面にすかさずテレビの前からツッコむことが、当たり前になる。それは視聴者側からの参加行為のひとつであり、テレビを批判するのではなく、むしろテレビの自作自演性を補完する振る舞いである。テレビへのツッコミが私たちの習慣として身につけばつくほど、自作自演は構造的に生き延びる。

　こうして自作自演的習性を持つテレビは、私たちを視聴者へと〝解放〟してくれる一方で、自らの存続のために視聴者を利用もしてきた。テレビと視聴者は、Fさんの言うように辛いときに慰めてくれる遊び友達でもあるが、時代によってラブロマンスの渦中の二人のようであったり、倦怠期の夫婦のようであったりもした。ただいずれにせよ、テレビと視聴者は基本的に「持ちつ持たれつ」の関係にあった。

　だが「テレビ離れ」が指摘される昨今の状況をここで持ち出すまでもなく、そんなテレビと私たち視聴者の「持ちつ持たれつ」の関係は解消の危機にある。その裏にはやはり、インターネットの急速な普及があり、ひいては日本社会そのものが迎えた転換期がある。

　では、どのようなことがこれまでにあり、そのような現状にいたったのか？　そしてこれからどうなる可能性があるのか？　それらの問いを番組制作側だけのこととしてではなく、視聴者である私たちの歴史、戦後日本社会の歴史として考えてみようというのが本書である。それは結局、「テレビ社会ニッポン」のなかで私たちが視聴者として得た〝自由〟はどこへ行くのか？　という問いへの答えを探すことにほかならない。

　それでは次章以下、順を追ってテレビと私たち視聴者の関係をたどってみることにしよう。

第1章　自作自演の魅惑――テレビの原光景

1　テレビ群衆とプロレス――街頭テレビの神話

「プロレス」する社会

「プロレス」という言葉が一般名詞のように使われるようになったのはいつのころからだろうか？たとえば、テレビのバラエティ番組のなかで、毒舌で知られる芸能人が別の芸能人の〝悪口〟を言う。言われた側もそれに応酬し、激しい〝口論〟になる。ところがそのくだりがひとしきりあった後で、ほかの誰かが実は二人は裏では仲が良いとばらす。つまり、〝口論〟は、阿吽の呼吸で行われた疑似喧嘩だったというわけだ。そのことを「プロレス」と表現する。

ここで使われる「プロレス」という表現には、もしそれが仕組まれたものであったとしても、見る側はそのことを心得たうえで楽しむべしというニュアンスがある。言い方を換えれば、それはマジの成分を含んだネタであり、そういうものとして楽しむのがセオリーと思われている。

このスタンスのさらに興味深いところは、たとえ当事者にそのつもりがなくても、見ている側がいま目の前にしている事態をそういうネタだと見なせば「プロレス」になってしまうという点である。

たとえば、同じようなシチュエーションで、第三者による〝ネタばらし〟がなくても、細かいしぐさ、口調などからそれをネタとして勝手に認定し、楽しむことは、いまの時代それほど珍しいことではない。実際にあった例として、政務活動費の使途に関する不正が報じられた地方議会議員が記者会見で〝号泣〟したとき、本人にそのつもりがあるかどうかとは無関係に、そこに過剰さを察知した視聴者がネタとして笑いの対象にする。そうしていったんスイッチが入るとネタ化の流れは誰にも止められなくなる。

このように「勝手にネタ化」することが市民権を得ている現状においては、世の中のあらゆる物事はネタになりうる。確かに、場合によっては当事者の行為がやり過ぎととらえられて「不謹慎」という厳しい批判を受けることはある。〝笑える／笑えない〟の境界線を見定めることは難しい。しかし、そのような判別問題が出てくること自体、「勝手にネタ化」への欲望がとどめ難いものとしてすでに私たちの社会のなかにインプットされていることを物語る。

以上のような意味において、現在の日本社会は、いわば〝「プロレス」する社会〟である。そしてその広がりに関して、メディアの果たす役割はきわめて大きい。

たとえば、近年話題になることの多いインターネットの「炎上」にしても、そういう側面があるだろう。表面上はいくら真剣な議論に見えたとしても、それが第三者によって拡散されたとたんに〝祭り〟の要素が入り込む。時にはそこに当事者の売名行為などネタ的なものがやはり勝手に読み込まれ、

〝炎上商法〟として火に油を注ぐようなことにもなる。いずれにせよ、多かれ少なかれネタとマジの境目のぎりぎりのところにそうした現象は起こっているように見える。

とはいえ、〝「プロレス」する社会〟の元をたどれば、やはりまずテレビに行き着く。メディアの勢力図においてテレビからネットへの主役交代が喧伝される昨今のご時世だが、少なくともネットにおける「プロレス」現象は、私たちがテレビを通じて血肉化した感性の延長線上にあるものだろう。

私がそう主張するのは、もちろん日本のテレビがプロレスとともに始まったという周知の事実があるからだ。

駅前に設置されたテレビに映る力道山の雄姿に熱狂する群衆、という光景はもはや〝神話〟と言っていいものになっている。敗戦後の打ちひしがれた日本人を鼓舞した英雄としての力道山というアイコンは、テレビなしには生まれ得なかった。それは事実だろう。だが、それがいま述べたような意味合いでの〝「プロレス」する社会〟の起源でもあったとすれば、そこには「英雄・力道山」とはまた別なプロレスとテレビ、そして社会の関係性があったはずだ。

したがって、ここではまず、英雄神話としてではなく、現在の社会を駆動する「プロレス」への欲望の起源としてプロレスを見ることから「テレビ社会ニッポン」についての話を始めることにしよう。

「街頭テレビ」とプロレスが出合うとき

一九五三年に本放送が始まった日本のテレビが普及促進のためにプロレスを利用したことは、繰り返し語られるエピソードだ。

前年末にアメリカから帰国したばかりの元大相撲力士・力道山が元柔道家の木村政彦と組んでアメリカのシャープ兄弟と戦った試合が蔵前国技館から生中継されたのは、一九五四年二月一九日のことである。同時にそれは、プロレスが初めて日本のテレビ画面に正式に映し出された記念すべき日でもあった（注：試験放送としては、関西ですでにプロレス中継があった）。

試合は三日間連続で行われた。初日中継したのは、日本テレビとNHKだった。しかし残る二日間も含め、三日とも中継したのは日本テレビだけだった。

そこまで日本テレビが熱心だった背景には、これもまたテレビ史を語る際の定番中の定番となっている「街頭テレビ」のことがある。

本放送開始当初、テレビの受像機は庶民にとって高価でなかなか手が出ないものだった。当時大卒の初任給が八〇〇〇円に対し、17インチの受像機の価格が米国製で約二五万円、国産でも二四万円であった。そうしたこともあり、NHKが一九五三年二月一日に放送開始した時点の受信契約数はわずか八六六件にとどまっていた（注：NHKサービスセンター編『放送80年』、七二頁）。

日本テレビは、それから遅れること約半年後の一九五三年八月二八日に放送を開始した。置かれた状況はNHKと基本的に変わらなかったが、違っていたのは日本テレビが民放、つまりスポンサーからの広告料収入で経営が成り立っていることだった。

そこで日本テレビの社主・正力松太郎が視聴者そして広告主である企業にテレビの魅力をアピール

する目的で考えたのが、駅前などに設置して無料で番組を見られるようにする街頭テレビのアイデアである。開局時に設置されたのは全部で五五ヵ所だった（注：同書、七二頁）。

その際、なにを画面に映すのかも重要な問題だった。家庭で見ている場合とは違い、視聴者は通りすがりの人々である。通勤や通学、買い物などで行きかう人々の興味を引き、わざわざ足を止めさせるのに適した番組はなにか？　長時間見なければストーリーがわからないドラマや一曲が長いクラシック音楽のコンサート、集中して色々と考えてもらうことが目的の教養番組などでは、街頭の人々を引き留めておくのは難しい。単純明快、かつ華々しいものがふさわしいだろう。その代表が、言うまでもなくスポーツであった（注：白井隆二『テレビ創世記』、一二三頁）。

実際、日本テレビは本放送開始の翌日に早くも後楽園球場のプロ野球「巨人―阪神」戦、さらに大相撲の中継をおこなっている。また翌年には、力道山と並ぶ敗戦後の日本の英雄、ボクシングの白井義男の世界タイトルマッチの中継もあった。その時敗れた白井のリターン・マッチの放送権を日本テレビと後発のラジオ東京テレビ（現・ＴＢＳテレビ）が激しく争って後者が勝ったこと、翌三〇年にあったその試合の視聴率が96・1％（当時は電通調べ）という驚異的なものであったことも、スポーツというコンテンツの価値の高さが最初期から気づかれていたことの証しだと言えるだろう（注：同書、二五―二八頁）。

そうしたなかのひとつとして、プロレスはあった。迫力たっぷりの肉体のぶつかり合いに投げ技、キック、チョップといった華々しい技の応酬、3カウントやギブアップによる決着のわかりやすさなど、単純明快さにかけては他のどのスポーツにも負けなかった。

ただ、プロレスが具体的にどういうものなのか、最初は誰も知らなかった。それが早々に放送にいたったのには、正力松太郎の「日本人が白人を豪快に投げとばすプロレスほど、敗戦国日本に勇気をあたえるものはない。ぜひやりたまえ」という決断があったとされる（注：佐野眞一『巨怪伝』、四八二頁）。

後に『私、プロレスの味方です』（一九八〇）でプロレス評論の祖のひとりになる作家・村松友視は、その当時静岡に住む中学一年生。地元の電気屋の茶の間で先述のプロレス初放送の中継を見たひとりだった（注：村松友視『力道山がいた』朝日文庫、九―一〇頁）。

その村松も、正力の見立てを裏付けるような回想をしている。「中学一年生の私は、全身の血が逆流するような興奮を、電気屋の暗がりの中でじっと抑えながら、ブラウン管の青白い光をみつめていた」（注：同書、一六頁）。力道山は、「戦後九年が経っていても、戦争でアメリカに負けたという劣等感に支配され、進駐軍への怯えにつつまれる」当時の日本社会に「突如として出現した」英雄と感じられていた（注：同書、一八頁）。

こうした〝力道山神話〟が実際にどれほど当時の日本人のあいだで共有されていたかはわからない。だが後世までずっと伝えられるほどには、人々のこころをとらえる強固で魅惑的な物語であったことは間違いない。つまり、プロレスは、スポーツとしてだけでなく、物語としても単純明快な魅力を備えていた。

「八百長」論議のなかで

ところで現在、テレビのスポーツニュースでプロレスについてふれられることは、まったくと言っていいほどない。ただ、オリンピックなどの際にわかるように、アマチュアレスリングは扱われる。だからレスリング自体がスポーツニュースの対象から外されているわけではない。プロ野球やプロサッカーなどと比較しても、プロレスだけが特殊と考えられているのである。

その裏には、プロレスは八百長ではないか、という根強い疑念がある。すなわち、プロレスは台本のあるショーであり、純粋に勝負を競うスポーツではない、という見方だ。言うまでもなくそれは、冒頭に書いたような〝プロレス＝ネタ〟という現在の語の使われ方のベースにあるものでもある。

実際、「プロレスは八百長か否か」という論議は、力道山の試合の中継によってプロレスが爆発的な人気を獲得したときにすでに存在していた。プロレスの歴史は、「八百長」と見る世間の目との戦いの歴史と言ってもいいほどだ。

とりわけプロレスに対して疑いのまなざしを向けていたのは、朝日新聞をはじめとする活字メディアであった。

一九五四年一一月一日、その朝日新聞に力道山とタッグを組んでいた木村政彦のインタビューが載った。その紙面で、木村は力道山のプロレスを「ゼスチュアの多いショー」であり、ショーでない真剣勝負で勝負したい、実力なら自分は力道山に負けない、と語った（同書、七九頁）。それまで木村は、試合のなかで外国人レスラーにやられる力道山の〝引き立て役〟となることが多かったのである。

力道山はこの発言に激怒し、二人は同年一二月二二日に試合を行うことになる。

結局、この試合は力道山のKO勝ちに終わった。その一方で、その試合内容だけでなく裏側での事前交渉などに不透明な部分があり、いまでもこの試合の真相についてはプロレス・格闘技ファンのあいだで熱心な論争が続いている（注：増田俊也『木村政彦はなぜ力道山を殺さなかったのか』など）。

ただいずれにしても、力道山が「巌流島の戦い」とも呼ばれたこの試合に勝ったことによって、街頭テレビとともに生まれた〝力道山神話〟はひとまず守られた。敗戦した国の英雄が、戦勝国の巨漢レスラーをなぎ倒したカタルシスの記憶は、損なわれずにすんだ。

そして力道山は、その試合直後のインタビューで改めてこう答えている。「プロレスはショウとして荒技をみせてファンを喜ばせながら実力で勝負をきめるものだ。ショウと真剣は紙一重というが、それがプロレスの信念だ。そのためには一般的にレスラーの技量をあげ、見て楽しいものにしなければならない」（注：村松、前掲書、一二二頁）。

ここで力道山は、ショーの要素があることを認めながら、最終的にはプロレスが実力による真剣勝負であることを主張している。その意味で、木村政彦によってショーだと批判された力道山にとって勝つことは大きな意味があったはずだ。

また真剣勝負重視の考えは、日本人が見るということを踏まえての方針でもあった。一九五七年のインタビューでの力道山の次の言葉は、その点興味深い。「私のプロレスに対する考え方は今も変わっていない。もちろん、米国的なものが日本で盛んになっていくとは思えない。だから日本人に向く、いわばショーマンシップのあまりないプロレスとしてやっていかなければならないだろう。この信念は最初から、いささかも変わる事はない。どんな技にも耐えられる強い体を鍛え、そしてスリルに富んだ真剣な試合をやる。そうすれば大向こうの喝采だけを狙うショー的なレスリングより、はるかに面白い」（注：竹内宏介『さらばTV（ゴールデン・タイム）プロレス』、三八頁）。

現場感覚ともうひとつの神話

この力道山の言葉には、街頭テレビという特殊な視聴形態の持つ意味合いについても示唆的なものがある。

街頭テレビが実際にそれを知らない世代の人間にとって不思議に感じられること、それは群衆のひとりとしてテレビを見るという行為そのものではなかろうか。

もちろん現在でもパブリックビューイングと称して、オリンピックやサッカーワールドカップの際など大勢で集まってテレビの映像を見ることはある。ただその場合は、そのための大きなスクリーンやビジョンを用意して見るのが通常だろう。ところがテレビの普及促進を目的とした街頭テレビの場合、駅前などに置かれたのは17インチから21インチの普通のテレビ受像機だった。そうしたなか、一九五四年二月のプロレス中継の際には、新橋駅西口広場に二万人もの人が集まったとされる（注：NHK放送文化研究所編『テレビ視聴の50年』、一五頁）。

つまり、本来は家庭に置くことを想定された受像機が野外に置かれ、そこに大人数の、いわば「テレビ群衆」が発生した。その可視化された視聴者の数は、プロレスの神話性を補強するもう一方の不可欠な要素であった。力道山が白人レスラーを空手チョップでなぎ倒す姿に快哉を叫ぶ人々。先ほどふれた力道山の真剣勝負へのこだわりは、街頭テレビによって可視化された当時の日本人の熱量を感じ取ってのものだったに違いない。

その際、テレビならではの生中継が大きな役割を果たした。それは、同じ映像メディアである映画にはない強みであった。いままさに別の場所で起こっていることを離れた場所で同時に目撃しているという興奮は、おそらくそれまで味わえなかった種類のものだったはずだ。

しかしながら、それは家庭の茶の間で見ていても同じだろう。その意味では、街頭テレビにしかないものではない。

その点、家庭での視聴にはなく街頭テレビにあったのは、直接的な参加感覚だったかもしれない。日本テレビは、街頭テレビの効果を把握するため各設置場所に社員を派遣していた。受像機の前に一万人以上が殺到したような際には、その社員がその旨を試合会場に連絡し、実況アナウンサーがテレビの画面を通じて「テレビを見ている方は、前に押さないようにしてください。危険ですから」「足場に気を付けて下さい」「塀をこわさないように」などと呼びかけたこともあった（注：テレビ検定運営委員会・編『テレビ検定公式テキスト1』、一四頁）。

試合の経過に一喜一憂するのも参加感覚の表れだ。それは、街頭でも家庭でも変わらないだろう。「家庭にいながらにして」その場にいるような気分になれるのは、テレビの最も大きな魅力でもある。

しかし、見ている自分たちに向かって生放送で画面の向こうから呼びかけられることには、それ以上のそれまでには味わえなかった驚きと興奮があるはずだ。その意味において、街頭テレビはまさに「現場」の一部であった。この現場感覚こそが、送り手と受け手双方の奥深くに刷り込まれたものであった。

要するに、街頭テレビは現在から見ればイレギュラーな視聴形態であるかもしれないが、それゆえに双方向的コミュニケーションというテレビの持つ潜在的可能性を一瞬顕在化させた。それは、〝力道山神話〟との相乗効果によって生まれたもうひとつの神話、いわば〝テレビ神話〟ということができるだろう。つまり、二重の神話化が街頭テレビという出来事にはあったのではあるまいか。

テレビは一方通行のコミュニケーションにすぎない、というのは、理屈のうえでは合っているとしても、視聴者にとっては必ずしもそうではない。テレビが視聴者にもたらす興奮には、双方向的な一面があることをこの街頭テレビにおける画面からの呼びかけのエピソードは示している。そしてその記憶はその後もなくなるわけではなく、テレビと視聴者が一体となった一種の「祭り」の感覚として戦後日本におけるテレビの隆盛のベースにあり続けた。そのことについては、この後も折に触れて述べることになるはずだ。

自作自演的感性の芽生え

しかし、視聴者はプロレスを見て興奮する一辺倒だったわけではない。家庭でプロレスを見る視聴者は、熱狂すると同時に醒めてもいた。そこにはプロレスとテレビの双方を脱神話化するまなざしがすでに顔をのぞかせていた。

地元の電気屋の茶の間で見ていた村松友視少年は、こんな光景を記憶している。もちろんそこにも力道山の雄姿に興奮する人々がいた。だが同時に同じ人々が、次のような反応も示していた。「ロープへ逃れようとする木村（引用者注：木村政彦のこと）が、もう少しでロープをつかもうとした瞬間にぐいとリング中央へ引き戻されたりすると、暗がりの中の大人から失笑が起こっていた」。それを見た村松少年は、「プロレスを秘かに楽しもうという感覚」を抱くようになる（注：村松、前掲書、二五頁）。

ここでの大人たちは、プロレスのショーの部分に敏感に反応したことになる。ロープに触れれば、相手はいったん攻撃を止めなければならない。それは定められたルールだ。それに対し、相手はそうはさせまいと引き戻す。そこに〝失笑〟する要素はない。だが見る側は、そこになにか芝居がかったわざとらしさを感じ取ったのだろう。言い換えれば、闘う両者のあいだに共謀の匂いをかぎ取ったのだ。そこには、大きな体躯の白人を空手チョップでなぎ倒す力道山に快哉を叫ぶのとは別の、プロレスへの冷静なまなざしがある。

見方を変えれば、結局力道山のプロレスもアメリカナイズされたものだったと言える。プロレスラー・力道山は、いわゆるヒール（悪玉）に対するベビーフェイス（善玉）というアメリカ流のプロレスの構図のなかで自分の役回りを引き受けていたにすぎない。ただそこに「戦勝国・アメリカ対敗戦国・日本」という構図を巧みに重ねたところにひとつの独創があった。皮肉な言い方をすれば、力道山が当時の日本人に駆り立てた「反米ナショナリズム」は、アメリカ的ショービジネスとしてのプロレスの演出ありきのものだった。

村松少年が目の当たりにした大人たちの失笑は、そのあたりを視聴者は直感的にわかっていたことを思わせる。日本人は〝力道山神話〟の手のひらの上でただ踊らされていたわけではなく、プロレスのなかの「アメリカ」の、ひいては「日本」の嘘くささに薄々気づいていた。そのうえで、プロレスに熱狂したのである。

そこには、視聴者のなかに自作自演的なものを肯定する感覚が芽生えているのが見て取れる。それは、当時の活字メディアのようにショー的な面を「八百長」として糾弾するのではなく、筋書きの存在する可能性を許容したうえで、目の前で繰り広げられるパフォーマンスの印象度によって最終的に評価しようとする態度である。力道山の「怒りの空手チョップ」がたとえなんらかの筋書きで決められたものであったとしても、それ自体が「怒り」のリアルな表出として伝わってくるものであれば問題ではない。

しかしながら、この段階では、視聴者は自作自演的なものに自らそこまで積極的に関与したわけではない。力道山自身も認めていたように、プロレスにショー的側面、ひいては「八百長」と批判される側面があるのは周知の事実である。ただし、だからと言って裏切られたと糾弾するようなことはしない。それが真剣勝負を装う自作自演であったとしても、そういうものとして楽しませてくれるものであれば、それを受け入れる。このときの視聴者は、そういう一歩引いたポジションだったと言えるだろう。その意味では、冒頭で書いたように勝手に「プロレス」を読み込むことも辞さない現在と違い、視聴者はまだまだ受け身の存在であった。

そうした視聴者の立ち位置と無関係ではないと思えるのは、ここでの自作自演性はテレビそのものではなく、テレビが伝える対象であるプロレスに帰せられるものだったことである。その場合テレビは透明な窓のようなものと受けとめられていたため、視聴者は根本的にはまだ「観客」であり、「演者」ではなかった。すなわち、視聴者という存在をも巻き込むテレビメディアの自作自演性の作動スイッチが入っていたわけではなかった。

しかし、「街頭テレビ」がプロレスというコンテンツを得て人々を熱狂させていた頃、もう一方で自作自演的仕掛けを意図的に取り入れたような番組づくりがすでに始まっていた。それは、これまであまり一般的なテレビ史では注目されてこなかったことのように思われる。だが実際、そうしたタイプの番組は、本格的なテレビ批判を誘発するなかで「テレビとはなにか」というメディア的な問いを逆説的に浮かび上がらせ、テレビの進路に少なからず影響を及ぼすことになる。続いてそこに話を進めることにしよう。

2　バラエティとドキュメンタリーは対立するのか？──「一億総白痴化」論のなかで

音楽バラエティの始まり

テレビ番組には、多種多様なジャンルが存在する。そのなかでテレビならではと言えるジャンルのひとつ、それがバラエティである。「バラエティ」と聞くとお笑い芸人が大挙登場して面白おかしいやり取りを繰り広げるような番組を思い浮かべる人が多いかもしれないが、バラエティは、当初必ずしもそういうものではなかった。

バラエティと同じく笑いを提供するという意味では、寄席中継などは、ラジオ時代から引き続きテレビ放送が始まっても人気を集めた。だが寄席中継の場合は、プロレス中継と同じでテレビとは別個にある既存の娯楽を提供するものだ。それに対しバラエティは、テレビオリジナルの娯楽の開発を意図していた。

たとえば、テレビ草創期から発展した音楽バラエティがそうである。

一九五八年日本テレビで始まった『光子の窓』は、音楽バラエティの元祖とされる。メインは松竹歌劇団出身の女優・草笛光子。落語家の古今亭志ん生がソ連のフルシチョフ首相（当時）のそっくりさんに扮して人気を集めるなど、音楽と踊りを中心にしつつ、そこに笑いを加味した番組であった。

この番組を企画したのが、当時日本テレビにいたディレクターの井原高忠である。井原がバラエティ番組をつくるにいたった動機は、「音楽ファン以外の人に音楽番組見せたいなあ」と思ったことだった。

まだ各家庭にテレビがそれほど普及していない状況のなかで、音楽番組づくりは当初制作者の趣味に走るケースが多かった。クラシック、タンゴ、ジャズなどディレクターの好きな音楽ジャンルについて「どうせ誰も見てないんだから」という考えで好きなことをやっていた。井原もそのひとりだったが、そのうち音楽ファン以外の人にも音楽番組を見せたいと思うようになり、趣向を凝らすようになる。「網タイツ出したりね、コメディとか、面白おかしいやつを入れようじゃないか、という発想になって、バラエティ・ショーのほうへだんだん近づいて行く」（注：井原高忠『元祖テレビ屋大奮戦！』、八八頁）

つまり、この場合のバラエティとは、文字通り多種多様な芸や娯楽によって構成されるショー形式の番組を指す。その際、井原が参考にしたのは、アメリカのショービジネスだった。自ら視察のためにアメリカにも渡った。そして当地のテレビ制作の現場、さらにブロードウェイやラスベガスのショーなどを見て得た結論は、「バラエティとは意外性である」ということだった。

井原はこう語る。「バラエティの真髄というのは、意表を突いた配列にあるのです。要するに思いもよらないようなものを並べていって、それが面白い、成功した、というときにいいバラエティであると言うことができる」（注：同書、一〇二頁）。アメリカであれば、オペラのマリア・カラスが出たあとでロックンロールのプレスリーが登場する。あるいは日本であれば、能の人間国宝が登場したあとでオットセイの曲芸が出る。そういった意外性が、バラエティなのだと井原は強調する（注：同書、一〇二頁）。

そしてその後、この『光子の窓』の制作に関わったスタッフの手で、テレビ史に名を残す二つの音楽バラエティが誕生するにいたった。

ひとつは、井原のもとで働いたディレクター・秋元近史らが中心となり、『光子の窓』と同じ日本テレビ日曜夕方六時半から放送された『シャボン玉ホリデー』、そしてもうひとつが『光子の窓』に構成作家として参加していた永六輔が中心となった『夢であいましょう』（ＮＨＫ）である。両番組は、奇しくも同じ一九六一年にスタートし、『シャボン玉ホリデー』からはハナ肇とクレージーキャッツ、『夢であいましょう』からは坂本九と、歌も笑いもこなせるスターが誕生し、音楽バラエティはその地位を確立していった。

視聴者参加番組の系譜――もうひとつのバラエティ

ただ、バラエティはそれだけではない。音楽、踊り、笑いなど各分野のプロの技芸を洗練された演出で見せる音楽バラエティに対し、その対極にあるようなバラエティ番組もあった。素人が出演する番組、いわゆる視聴者参加番組である。それは、計算できない素人の言動や反応から、音楽バラエティとはまた異なるかたちで井原高忠の言う意外性の面白さを引き出そうとするものだった。

そうしたタイプのバラエティ番組の開始は、実は音楽バラエティよりも早かった。

視聴者参加番組という形態自体は、テレビバラエティではないが、たとえば『ＮＨＫのど自慢』（開始当初の名称は『のど自慢素人音楽会』）が敗戦直後にラジオで始まって人気を集めていたように、戦後の民主化の流れを体現するものとして積極的に作られている状況があった。

加えてテレビの場合、当初産業としての将来性も危ぶまれ、映画業界からは「電気紙芝居」と揶揄されるなど一段下に見られる風潮があった。だがそれゆえ一方で、制作者、出演者ともにその道の修業を重ねたプロではなくとも番組に参加して構わないとするような自由な雰囲気が生まれていた。

そのひとつの象徴が、テレビの本放送が始まった一九五三年の九月、つまり日本テレビの開局直後にスタートした『なんでもやりまショー』である。司会は三国一朗。サラリーマンから転身したテレビタレント第一号とも呼べる人物である。そこにもいま述べたテレビの自由さがうかがえる。

番組の形式は、視聴者参加のゲームバラエティ。近年はそれほどでもないが、かつては一般の視聴者がゲームに参加して賞金獲得を目指すスタイルの番組が少なくなかった。まずゲームの内容がシンプルなものであれば、老若男女誰でも参加できるという利点がある。さらに、ゲームには予期せぬハプニングが付き物だ。繰り返しになるが、バラエティに欠かすことのできない意外性の面白さが比較的苦労せず期待できるというわけである。

たとえば、『なんでもやりまショー』には、こんなゲームがあった。

民主化の時代を反映し、「公明選挙」をもじった「高迷先居」は、六尺棒のうえに座布団をどれだけ多く乗せられるかを競うゲーム。「卵反射」は「乱反射」からとったもので、バウンドさせたピンポン玉を卵の殻で受け止めるゲーム。いずれもシンプル過ぎるほどシンプルだが、だからこそ参加した視聴者誰もがゲームに熱中し、適度な難しさに予想外のハプニングも生まれた。そんな番組の人気は、一九五八年の皇族の親睦会で天皇一家がこの『なんでもやりまショー』のゲームを楽しんだと各新聞が報じたほどであった（注：高田文夫・笑芸人編著『テレビバラエティ大笑辞典』、八六頁）。

ところが、ゲームによる意外性の追求が、思わぬテレビ批判を招くことになる。

一九五六年一一月のことである。番組から視聴者に向けてあるゲームのお題が出されていた。それは、「野球の早慶戦の試合中、早稲田側の応援席で慶応の旗を振って、「フレーフレー慶応!」と三度連呼する」というものであった。そして、その募集に応じたひとりの一般視聴者(三国一朗が後に明らかにしたところによれば、実際は万が一騒ぎになったときのことを考えてスタッフが仕込んだ俳優であった。北村充史『テレビは日本人を「バカ」にしたか?』、二八頁を参照)が実行し、見事賞金五千円を獲得した。

これなどはまさに自作自演を地で行っている。すなわち、制作側が募集した人間によって騒ぎが生まれる様子、自分たちが積極的に関与して起こしたハプニングをあたかも自分たちとは無関係であるかのような素知らぬ顔で映したものを番組で流す。ただ、いまのテレビに比べれば、きわめて正直だ。最初からゲーム、お遊びであることをはっきり宣言しているのだから。つまり、あらかじめネタばらしがされている。その意味では、とても素朴である。

「一億総白痴化」論の意味

ところが、制作者の意図はどうであれ、事はお遊びではすまされなくなった。番組のことを知った六大学野球連盟が態度を硬化させ、翌日日本テレビで予定されていた早慶戦の中継を拒否したのである(注:同書、一八―二九頁)。

たとえば、先述した「高迷先居」のようなゲームであればお遊びは番組のなかだけで完結するが、この場合は早慶戦の試合という番組の外の現実を巻き込んでいる。ゲームとは言えそれ自体では完結せず、そのルールを共有しない（あるいは共有する気のない）人々を巻き込むものであったことが、そのような事態を招いたわけである。

ある意味では、この話はプロレスの「八百長」論議と表裏一体のものとも言える。当時六大学野球、特に早慶戦はプロ野球以上の人気を集めていた。いわばスポーツ、そしてアマチュアリズムの象徴であった。『なんでもやりまショー』は、その早慶戦を仕組まれたショー（そしてアマチュアリズムに対するものとしては商業主義）に利用したと受け取られた。そのことが〝神聖〟なスポーツを汚すものとして拒絶反応を招いたのである。それは当時まだ、テレビの論理と現実の論理が少なからず衝突するものであったことを図らずも物語っている。

そしてプロレスのときと同様、ここでも活字メディアが批判の論調を強めた。その先頭に立つかたちになったのが、評論家の大宅壮一であった。

番組放送から四日後の一九五六年一一月七日付の『東京新聞』に、大宅は「マス・コミの白痴化」と題されたコメントを寄せた。「最近のマス・コミは質より量が大事で、業者が民衆の最底辺をねらう結果、最高度に発達したテレビが最低級の文化を流すという逆立ち現象――マス・コミの白痴化がいちじるしい。（略）恥も外聞も忘れて〝何でもやりまショー〟という空気は、いまの日本全体が生み出しているものだが、新聞も時々〝白痴番組一覧表〟をつくって、それらが物笑いの種になるような風潮にしたい」（注：同書、三四頁より引用）。

これが後に有名になった「一億総白痴化」論の始まりとされる。この一九五六年から翌五七年にかけて、大宅は各紙誌で同様の発言を盛んにおこなっている。その過程で、しだいにテレビへの舌鋒も鋭さを増していった。たとえば、次のような発言からその様子がうかがえる。

「近ごろのマスコミのあり方は社会の底辺だけをねらう。聴取率ばかりを重んじるわけです。……一番最底辺をねらっているからますます愚劣になる。僕のいう白痴番組が非常に多くなる。つまりマスコミの白痴化ということになる。テレビができてからますます白痴がひどくなってきた。」（『放送朝日』一九五七年一月号）「テレビにいたっては、紙芝居同様、いや紙芝居以下の白痴番組が毎日ずらりとならんでいる。ラジオ、テレビというもっとも進歩したマスコミ機関によって、〝一億白痴化〟運動が展開されているといってもよい」（『週刊東京』一九五七年二月二日号）そうして一九五七年の夏ごろになると、大宅の指摘はメディアや他の識者にも共有された考え方として広がりを見せ、「一億総白痴化」として世間を騒がす流行語にまでなっていった（注：同書、第3章および第4章。大宅の発言も同書から引用）。

大宅の展開した論理は、その後現在まで続くテレビ批判の定番的スタイルになった。一九六〇年代には、初代林家三平が司会で視聴者が賞金欲しさに我を忘れて踊り狂う『踊って歌って大合戦』（日本テレビ系）や野球拳がウリのコント55号出演『コント55号！裏番組をブッ飛ばせ!!』（日本テレビ系）がともに「低俗」と批判され、さらに一九六九年開始のドリフターズ出演『8時だョ！全員集合』（TBSテレビ系）では、ストリップを模した加藤茶の「ちょっとだけよ」などのギャグが「教育に悪い」とやり玉に挙がったのは、その好例である。

また一方で、一九五九年に世界初の教育専門チャンネルとしてNHK教育テレビジョン（現・NHKEテレ）が、続いて同年に民放の教育専門局として日本教育テレビ［NET］（現・テレビ朝日）が開局するなど、逆にテレビを大衆教育の目的のための手段にしようという動きが、この大宅の「一億総白痴化」論をバネにして活気づいた（注：佐藤卓巳『テレビ的教養』、一一六―一二四頁）。さらに一九六四年には、初の科学教育専門局として東京12チャンネル（現・テレビ東京）も誕生する。こうした教育専門局開局の動きは、「一億総白痴化」論の高まりを背景に「テレビは社会の役に立つものであるべき」という要請に応えたという側面があった。

だが大宅壮一の「一億総白痴化」論は、もっと違う意味でも歴史的に重要なものだったのではなかろうか？

大宅が発したテレビへの批判は、「テレビとはなにか」ということを彼がよく理解していたがゆえのものととらえることができる。すなわち「一億総白痴化」論自体、彼が『なんでもやりまショー』などを見て、テレビが自作自演性を本質とするものであることを鋭く感じ取っていたからこそそのものなのではあるまいか。彼はそうしたテレビの自作自演性が発揮する影響力を危惧し、痛烈に批判した。だが裏を返せばそれは、テレビが遠くの出来事を映し出す単なる便利な機械ではなく、独自の論理で自己展開するメディア、そしてその過程において社会を独特のかたちで巻き込むメディアであることに、日本人が気づき始めたことの証しであったように思えるのである。

〈考えるテレビ〉としてのドキュメンタリー

その頃、大宅壮一の「一億総白痴化」論に対峙し、テレビの可能性を示そうとした制作者がすでに存在した。

一九五七年一一月、NHKで本格的テレビドキュメンタリーの元祖とされる『日本の素顔』が始まった。この「一九五七年」という年からもわかるように、番組ディレクターの吉田直哉を駆り立てたのは、大宅壮一の「一億総白痴化」論への反発だった。後年、吉田はこう語っている。「37年間現場にいたが、作り続けるバネになったのは大宅さんの〝一億総白痴化論〟への反発でした。テレビの役割を想像できず、表面だけをとらえてちょっと気の利いたことを言ったという思いがあり、『ちくしょう、テレビでどんなに高級なことが言えるか、今に見てろ』と心に期したもんです」（注：読売新聞芸能部編『テレビ番組の40年』、一九頁）。

そうした思いを秘めてスタートした『日本の素顔』は、その意味で「テレビになにができるのか」という切実な自問の産物でもあった。そしてその問いに対して吉田直哉が行き着いた結論、それは「仮説の検証」ということだった。

そこにはまず、戦時中の国策映画に対する反省があった。「手本にし得る最も手近なものは、劇場用記録映画だったのだが、これはその歴史からいっても、プロパガンダ映画、国策映画というように、あらかじめ出来上がっている結論を押しつける手段として利用された伝統をもつ、と私は考えた」。ならばどうするか？「ある仮説を立て、それが現実のなかで検証されていく過程を描きながら、率直に制作者の思考能力を問う、というつくりかたをすれば、あらかじめ出来ている結論を主張したりせずにすむのではないか」（注：吉田直哉『私のなかのテレビ』、四八頁）。

この方法論は、やくざの世界に密着して一躍番組の名を高からしめた回のタイトル「日本人と次郎長」に端的に示されている。このときの吉田が立てた仮説はこうであった。「共同体としての日本の特徴は、仁侠の世界に凝縮されているのではないか？　政界も財界も学会も、仁侠の世界を知ることによってはじめてよく理解できるのではないか」（注：吉田直哉『映像とは何だろうか』、二六頁）。

つまり、吉田が試みたのはテレビによる「日本人論」であった。「むろん、珍しいもの、「秘境」性のあるものを見たい、見せたい、という気持ちは第一にある。しかし、それだけでは単なる素材主義、特ダネ求めて一直線、という悲惨な道を走ることになる。それを避けるためには、カメラを〈考える道具〉として使う以外にない、と私は考えていた」。そして吉田はこう続ける。「〈考えるカメラ〉で撮れば、テレビは巷でいわれているような衆愚製造装置にならず、考えるための道具、〈考えるテレビ〉になるであろう……」（注：同書、三七―三八頁）。

「巷でいわれているような衆愚製造装置」という部分が「一億総白痴化」論を意識した表現であることは言うまでもないだろう。それに対抗するために吉田直哉は、〈考えるテレビ〉という命題を立て、それを『日本の素顔』で実践しようとした。

その核になるのは、いまみた発言のなかにもあった「カメラ＝〈考える道具〉」という考え方である。カメラは隠されたものをセンセーショナルに白日の下にさらすためのものではなく、あくまで制作者が立てた仮説を検証するためのものでなければならない。「僕はテレビではカメラを万年筆のように使い、思考の道具にしようと思った」という吉田の言葉は、まさにその点を指している（注：『テレビ番組の40年』、四七四頁）。そこには、〝科学的方法〟に依拠して客観性を確保しようという彼の強い意思が感じられる。そして繰り返しになるが、そこには大宅壮一の「一億総白痴化」論への強い対抗意識があった。

テレビにおける虚と実

こうしてテレビドキュメンタリーの分野で吉田直哉が実践した制作スタイルは、自作自演とは無縁のもののように見える。だが果たしてそうだろうか？

その問いを考えるうえで参考になりそうなのが、先述の「日本人と次郎長」にあった賭場の場面である。

やくざの実態を余すところなく描くために賭場の場面は欠かせないものであった。ただ、それには大きな問題があった。ばくちは違法だということである。本物にこだわれば、その場面は犯罪現場の証拠映像になってしまう。しかし、「仮説の検証」を掲げ、カメラをそのための客観的な記述の道具と考える吉田にとって、俳優などを起用してその場面をドラマ仕立てにするような選択肢はなかった。

そこで吉田が思いついたのは、賭場でやり取りされる現金を自分たちが用意することだった。撮影用に必要な分の現金を制作側が用意し、終わった後に全額回収する。そうすれば、実際に行われているかたちそのままに、ばくちの場面をカメラに収めることができると同時に、法律にもふれずに済む。そう吉田は考えたのである。そして番組では、実際そのようにして撮影した映像が放送された。

しかし、ここで問題が二つ生じた。

ひとつは、このやり方が「やらせ」かどうかという問題である。確かにそれは、本当に行われているばくちではなく、どちらかと言えば「再現」に近い。そして「再現」と「やらせ」の境界線は、考えれば考えるほど微妙なものだ。はっきりした線引きは難しい。ただ、吉田に言わせれば、前述の方法は法律を順守するために仕方のないものであり、事実以上に大げさに見せたり、演出で指示したりしたものではない。むしろ「これ以外に「素材として」賭場を撮影する方法はない」と吉田は主張する（注：前掲『映像とは何だろうか』、三四頁）。

だがもうひとつの問題は、まさにその映像が「素材」であることから起こる。

吉田直哉がテレビドキュメンタリーの方法論として「仮説の検証」を掲げたのは、前述のようにそれが素材主義、見世物的なものに陥ってしまうことを恐れたためでもあった。普通に生活していては目にすることのできない珍しいもの、変ったものを見たいという好奇心が人間のなかにあることは否定しがたい。だがそれに迎合してしまえば、番組はセンセーショナリズムに陥ってしまう。一般市民にとってベールに閉ざされたやくざの実態を取材した「日本人と次郎長」は、まさにそうなる危険性を多分に含んだものだった。対象との距離感をもたらしてくれる「仮説の検証」という方法論は、その意味でも吉田にとって重要であった。

ところが、番組を見た視聴者の反応は、まさに吉田の恐れていたものだった。「現実のヤクザの一家の生態、つまり、極秘で開帳される賭場、親子の盃がための儀式、入れ墨を彫る情景、ヤクザ同士の喧嘩（でいり）、その手打ち式、などがムービーカメラで記録され、公開されたのは初めてであったことから、この作品は、そのスクープ性と、画面に登場する実在のヤクザたちを徹底的に批判した大胆さの故に記憶される運命となった」。そしてその結果、「私のせっかくの〈仮説〉などは、どこかへ吹っ飛んだかたちになった」（注：前掲『私のなかのテレビ』、五六頁）。

ここで述べられている制作者の目論見と視聴者の反応のずれはどう理解すればよいのだろうか？吉田直哉が狙った日本人論のための素材としてのやくざの映像は、視聴者の素朴な好奇心を満足させるものになってしまった。そのことは、「一億総白痴化」論への反発からドキュメンタリーの方法論を模索した吉田にとっては忸怩たるものがあったに違いない。

だが、それを単なる視聴者のレベルの低さということで片づけてよいかと言えば、話はそう単純ではない。そこには、テレビにおける事実とは、そして虚と実の関係とはいかなるものなのか、という根本的な問いが含まれているからだ。

吉田直哉自身のその後の足跡自体が、その問いへの返答のようなものであったようにも感じられる。

一九六四年、吉田はＮＨＫのドラマ部門に移籍する。上から命じられた異動ではなく、自ら願い出てのことだった。

それは、彼が担当したあるドキュメンタリーがきっかけだった。「東京」をテーマのドキュメンタリーで、「ひとをさがしている一人の主人公の姿を描きながら、その眼を通して〈東京〉という都会を描き出していく」というコンセプトである（注：以下、番組に関する記述は前掲『映像とは何だろうか』に基づく）。

その主人公に、吉田はまったくの素人を起用した。その女性は、蒸発してしまった母親を探して、仕事の合間に東京の街をさまよっているという話だった。そして番組は無事完成し、放送された。すると番組を見たという母親が姿を現し、親子は再会を果たした。だが喜びもつかの間、母親は娘の全貯金を持って再び蒸発してしまったのである。

そのとき、吉田はこう考えた。「ひとをさがすという動機が最良だと考えたのであれば、その動機を誰かに託すだけでよかった」「なにも「ほんもの」をさがしてその人を起用する必要はなく、俳優でもよかったのである」（注：同書、一一一頁）。

しかし、ドキュメンタリーに俳優を登場させるのは当時タブーであった。思いつめた吉田はドラマ部門への移籍を申し出る（注：同書、一一二頁）。そして演出を担当したのが、一九六五年の大河ドラマ『太閤記』だった。吉田は、それまで大型時代劇と呼ばれていた現在の大河ドラマを「歴史ドラマ」にしようと考えた。つまり、大河ドラマは娯楽劇ではなく歴史的事実を踏まえた現代へのメッセージであると宣言した。

『太閤記』第1回のオープニングは、新幹線ひかり号のアップから始まり、列車は名古屋駅に到着。そして秀吉の生地と伝えられる神社の笹の茂みをカメラがアップ。そこに重なるように緒形拳扮する少年時代の秀吉の笑顔が画面に広がる。いきなり現代のシーンから始まるこの演出は、大きな反響を呼んだ。

要するに、吉田は、ドラマにドキュメンタリー的手法を持ち込んだ。逆に言えば、「実」一辺倒ではなく、「虚」を織り交ぜることを積極的に志した。そうすることによって、日本社会へのメッセージをより効果的に伝えようとしたのである。

〝覗き見〟は悪か？

ここまで述べてきたことを踏まえて、もう一度草創期のテレビと自作自演の関係を整理してみよう。制作者、特に吉田直哉のような制作者から見れば、ドキュメンタリー番組と『なんでもやりまショー』のようなバラエティ番組のあいだには、はっきりした区別があるべきだ。その考え方からすれば、「虚」と「実」には明確な違いがある。そしてドキュメンタリーのなかに「虚」、つまり作為や嘘が混ざり込んではならない。そうでないと、「仮説の検証」にはならないからだ。

だがいま述べてきた経緯が物語るように、番組づくりの経験を通じて吉田直哉の考え方も大きく変化していった。そうして彼がたどりついたのは、作為や嘘を活用することは、事実を歪めるとは限らないということである。事実を作為や嘘によって語ることも方法としてはあり得る。それが「歴史ドラマ」としての大河ドラマの誕生につながった。

その意味で、ドキュメンタリーとドラマのあいだに根本的な違いは存在しない。そして同様のことは、実はドキュメンタリーとバラエティにも言えるのではないか?

その理由はやはり、テレビが自作自演性を本質とするものだからだ。

ここでもう一度、本書で言う「自作自演」とはなにかを確認しておきたい。それは、「自分自身がその出来事に関与していながら、あたかもそれが客観的出来事であるようにふるまうこと」を指す。

繰り返しになるが、大宅壮一の「一億総白痴化」論のきっかけとなった『なんでもやりまショー』の早慶戦をめぐるお題は、まさにそのものと言っていい。騒動を仕掛けたのは、お題を出した番組だ。だがその際、〝決定的瞬間〟を映像に押さえるには、カメラの存在を周囲に悟られてはならない。つまり、カメラは隠されていなければならない。

そして、カメラのレンズのこちら側にいるのはカメラマンであり、視聴者である。すなわち、テレビの自作自演的性質は、〝覗き見〟の構図と密接な関係にある。なぜテレビが自作自演的になるかと言えば、そうすることが視聴者に楽しいと思わせるからだ。そしてその楽しさは、相手に気づかれずに相手を見る〝覗き見〟のわくわく感と切り離せない。

その〝覗き見〟のわくわく感をストレートに番組にしたのが、「どっきりカメラ」である。実は、「どっきりカメラ」自体、元々『なんでもやりまショー』の一コーナーとして一九六〇年代末に始まったものだった(注:『なんでもやりまショー』は、いったん一九五九年に終了、一九六九年に復活した)。その後、番組として独立し、一九七〇年代から八〇年代にかけて特番としてたびたび放送され、人気を博した。引っ掛かった人間の前に「元祖　どっきりカメラ」と書かれたプラカードを持って登場する俳優の野呂圭介の姿を覚えている人もいるだろう。

この番組の構成作家であった塩川寿一は、著書でこんなエピソードを書き記している（注：塩川寿一『どっきりカメラに賭けた青春』、二六三―二六四頁）。

それは、「バーの模様替え」という、バーで客がトイレから戻ってくると、そこがやくざの事務所になっているというどっきりであった。そのとき、演出のディレクターは、隠し撮りのカメラが撮った映像だけでなく、その騙された客の目に映った（はずの）映像をワンカット挟み込んだ。するとスタジオの観客からどっと笑いが起こったという。

もちろん偶然だが、ここにも「日本人と次郎長」同様、やくざが登場する。ここでどっきりが成立するのも、やくざの住む世界が、一般の視聴者にとって近づきがたい怖さを感じさせるものであるからだ。しかも「日本人と次郎長」のスタッフは「仮説の検証」という論理で〝武装〟して入ったので大丈夫だったが、どっきりにかけられた一般人はいわば丸腰でやくざのいる場所に突然放り込まれた感覚になったはずだ。

そのとき、両番組の視聴者とも安全な場所にいる。言い換えれば、〝覗き見〟できる場所にいる。ただ、「日本人と次郎長」では、〝覗き見〟感覚でみることを制作者である吉田直哉は望んでいなかったのに対し、『どっきりカメラ』ではむしろそれが制作者側から視聴者に用意された、いわば特等席である。その〝覗き見〟のわくわく感が笑いの源泉になる。そしてそのスリルを高める究極の演出として、だまされた一般人の目に成り代わる主観映像があったと言えるだろう。

その主観映像は、言うまでもなく嘘（虚構）の視点である。その意味では事実ではない。しかしかと言って、リアルでないわけではない。実際、その主観映像のワンカットで爆笑が起きたのは、視聴者がそこに引っ掛かった人間の受けた驚きを追体験できるリアリティを感じ取ったからだろう。

「どっきりカメラ」のスタッフには、どっきりこそが真のドキュメンタリーであると自負する人もいた。世間で言うドキュメンタリーも、被写体がカメラの存在を意識しているのであれば、いかにその表情が自然に見えようとも、真の意味のドキュメンタリーとは言えない。本当の自然な表情は、カメラを意識していないときにしか撮れない。だから隠し撮りによる「どっきりカメラ」こそが真の意味のドキュメンタリーなのである、という考えである（注：同書、二六三―二六九頁）。

このスタッフの考えは、吉田直哉のたどりついた先述の考えと表裏一体だろう。「事実を作為や嘘によって語ることも可能である」という考えと「バラエティの本質はドキュメンタリーである」という考えは、合わせ鏡のように「虚」と「実」をめぐって反転した関係にある。

結局、序章でも述べたように自作自演はテレビの根本的な〝習性〟である。そこに良いも悪いもない。テレビ番組をつくることがカメラを使ってなにかを映す行為である限り、それは自作自演的でしかあり得ない。確かに、そのことを積極的に活用するか、危険性を感じて警戒するかはあるだろう。だがいずれにせよ、そこに必ず自作自演は存在する。

したがって、「自作自演であらざるを得ないこととどのように折り合いをつけるか？」という問いこそが、テレビに関する唯一の実践的な問いである。

ここまで見てきて明らかなのは、テレビの黎明期にはすでにその課題が察知されていたということだ。だがそれは主に制作者の側においてであって、この時期の視聴者はまだその課題から一歩引いた位置にいた。それがまさに、〝覗き見〟するポジションだったと言えるのではないか。

言い方を換えれば、この時期には制作者と視聴者とのあいだにはまだ大きな距離が存在した。基本的に、視聴者は番組を見るだけの受け身の存在にとどまっていた。『なんでもやりまショー』は視聴者参加番組ではないか、と言われるかもしれない。確かにその意味では、視聴者はすでに能動的な存在だった。

しかし、ここで言いたいのは、もう一歩進んだ能動性である。『なんでもやりまショー』の視聴者は、たとえ早慶戦騒動の張本人であったとしても、テレビの自作自演性に自覚的に関与はしていなかっただろう。そのような関与をし始めるときはじめて、本当の意味で視聴者は能動的存在になったと言えるのではないか。そうだとすれば、やはりこの時期の視聴者は根本的には受け身であった。

ただ一九六〇年代に入ると、単なる視聴者参加番組ともまた異なる、視聴者が自作自演的空間のなかで「演者」としての役割を請け負う新しいタイプの番組も登場していた。ワイドショーである。それは、どのように始まったのか？　節を移して見ていくことにしよう。

3　同時性の演出――ワイドショーの作法

ここにもアメリカが

ワイドショーとは、政治経済のような固いものから日常の暮らしの知恵のような柔らかいものまで多種多彩な話題を広く扱う長時間の生番組である。多種多彩という点ではバラエティとの共通点もある。笑いを生むことが番組の目的ではないにしても、ジャンルやテーマにとらわれない自由さという意味ではバラエティとともにテレビならではの番組形態と言っていい。その点、情報番組と呼ばれることが多くなったが、いまでもテレビのなかで安定した地位を占めているのもうなずけるところである。

その最初は、一九六四年四月放送開始の『木島則夫モーニングショー』にさかのぼる。

前年の一九六三年、NETの制作企画部（教養番組の制作部門）にいた浅田孝彦が上司からの指示で朝の帯番組を作ることになった（注：浅田孝彦『ワイド・ショーの原点』、九頁。以下、『木島則夫モーニングショー』に関する記述については、基本的に本書に拠る）。

当時、朝の時間帯、特に民放の番組編成は、現在とはまったく異なるものだった。

NHKでは、現在も続く朝の連続テレビ小説が定着して30％を超える視聴率をあげ、その後に続く生活情報番組も高い視聴率を記録するようになっていた。

それに対し民放各局は、古い映画の放送で対抗した。だが結局NHKには歯が立たず、「早朝の放送はお互いに中止したらどうか」という話まで出ていたと言う。NETは、そこに生放送で朝の帯番組をスタートさせようとしたわけで、それは無謀な挑戦にも見えた。

ここでひとつのポイントは、アメリカ企業のヴィックスがスポンサーとして番組制作そのものに深く関わったことである。

アメリカではすでに朝のワイド番組が定着していた。その代表が、NBCで現在も放送されている『TODAY』である。始まったのは一九五二年。毎週月曜から金曜までの朝七時から九時まで生放送されていた。内容は、最新のニュース、スポーツの結果、天気予報があり、それ以外に取材映像、インタビュー、音楽コーナーなどが盛り込まれている。司会はメインの男性がひとりと、男女一名ずつのアシスタントがいた。

この概略だけからも、日本で現在放送されている朝の情報番組の原型がここにあることがわかる（ちなみに『TODAY』のウリのひとつに、サテライトスタジオの後ろでお手製のプラカードを持って映ろうとする視聴者たちがあったと言う。これなどは後の『ズームイン！朝!!』（日本テレビ系、一九七九年開始）を思い起こさせる。）。浅田孝彦もまた、ヴィックス側にはこの『TODAY』が念頭にあるのではないかと考え、直接それを問い質してみた。

すると先方の責任者であるバーク・シー・ピーターソンは、うなずきつつこう答えた。「ワイド・ショーという点では、共通したところがあります。しかし、あれをそっくりそのまま日本でやってもだめです。日本には、日本のワイド・ショーがあるはずです。私が考えているのは、日本語ではうまく言えませんが、英語で題名をつけるとしたら『グッド・モーニング・ショー』か『アットホーム・ショー』とつけたいような番組です。このニュアンスがわかりますか？」浅田はこの時まず、

「ショー」という言葉に驚いた。当時の彼には、そこからミュージカルやラインダンスしか思い浮かばなかったからである（注：同書、二六頁）。

ワイドショーが土台にするのは最新のニュースである。「ニュース」とは、事実をありのままに伝えるものだという観念がある。そこに余分な演出を加えてはならない。だがアメリカのスポンサーは、ワイドショーもその名の通り「ショー」であり、しかもそこには日本独自のやり方があるはずだと主張したのである。

このエピソードには、プロレスとの共通点を思い起こさせるものがある。プロレスもまた、真剣勝負とショーの両面を持ったスポーツである。それは元々アメリカから輸入されたものだが、先に引用した発言にもあったように、力道山はその両面の比重を当時の日本人のメンタリティに合ったものにすることに腐心した。ここで浅田孝彦が求められたのも、同様の工夫だったと言えるだろう。

同時性の魅力

とはいえ、日本だからできるワイドショーとはいったいどんなものなのか？「アットホーム」な雰囲気のものであるとしても、まずはニュースをベースにしたものでなければならない。

そこで浅田孝彦がこだわったのは、同時性だった。

テレビの黎明期のエピソードとしてよく語られるのは、生放送ゆえの失敗である。最初はドラマもすべて生放送であったがゆえに、時代劇の立ち回りでセットの塀が倒れてしまったとか時間が足りなくなって推理物の犯人がわからないまま終わってしまったとか、笑い話には事欠かない。

だが、テレビドラマの画期をなしたとされる一九五九年制作の『私は貝になりたい』（ラジオ東京テレビ）が一部録画で放送されたように、このワイドショーの企画が持ち上がった時点ではすでにテレビは生放送だけの時代ではなくなっていた。

録画が可能になったことはもちろん大きな技術的進歩であり、番組制作の幅を格段に広げた。しかし浅田孝彦は、録画技術を用い編集に時間をかけて番組の完成度を高めても、必ずしも視聴率がよいとは限らないことを自身の経験で知っていた。それに加え、ワイドショーでは毎朝一時間の放送を週五日続けなければならない。ニュース映像にしてもじっくり編集したものをメインにしていたのでは、とても間に合わない（注：同書、三九頁）。

ではどうするか？　考えた末に浅田が目指したのは、「放送という電波メディアしか持つことができない同時性の威力」で勝負することだった（注：同書、三九頁）。

同時性の持つ魅力とはなにか？　それは「今という瞬間において、視聴者と出演者、つまり受け手と送り手を一つに結びつける魅力」、言い換えれば番組が「生きている魅力」である（注：同書、四〇頁）。

たとえば、仮に放送中に地震が起こり、スタジオの上のほうに吊り下げられたライトが揺れているとする。その場面を、視聴者も揺れながら見ている。浅田は、それが「生きたニュース」だと言う。あるいは同じゲストがいて、昨日と今日とで同じテーマで話すにしてもどこか違うはずで、それもまたニュースである（注：同書、四〇頁）。

要するに、浅田は「ニュース」という言葉が示す範囲を大きく広げようとした。「確かに大事件は大きなニュースである。しかし、いま東京は雨が降っている。富士山に初雪が降って、けさはこんなに美しく見える。それもニュースであれば、今、NETのスタジオで、高峰秀子（注：戦前・戦後を通じて半世紀にわたり日本映画界で活躍した女優の一人。代表作に『カルメン故郷に帰る』『二十四の瞳』）がこんなおしゃべりをしている、ということもニュースではないだろうか」。すなわち、「ニュースは〝今〟そのものでなければならない」（注：同書、四一頁）。

こうして、生放送の価値の再発見と同時にニュース概念の拡張が図られる。だから従来のニュースのイメージからすればいかに娯楽要素が多く違和感があろうとも、ワイドショーは「ニュースショー」と呼ばれるに値するのである（注：同書、四一頁）。

そして「ニュースショー」としてより魅力的であるために、演出も大切な役割を担う。

たとえば、『木島則夫モーニングショー』では、スタジオに数々の歌のゲストが登場した。そのなかのひとり、坂本九が「上を向いて歩こう」を歌ったときのこと。坂本は、歌いながらスタジオのなかをぐるりとひと回りした。それによって控えの椅子に座っていたゲスト、さらにタイムカードを持って走り回っているフロアディレクターやサブでキューを出しているディレクターといったスタッフまでもがカメラに映し出された（注：同書、一二八―一二九頁）。

スタッフが画面に登場することは、いまのテレビでは珍しくない。むしろスタッフがリポーターなどを務め、まるで主役のような番組も増えてきた。そうした傾向は、おそらく一九八〇年代の『オレたちひょうきん族』（フジテレビ系）くらいから一般的になり始めたと言えるだろう。だが当時はまだ、スタッフが画面に映ることはタブーに近かった。

実はこれは、浅田孝彦が「こっそりと彼（引用者注：坂本九のこと）にだけ頼んだ演出」であった。そこには、浅田流の演出哲学がある。「意外性というものは、待っていただけでくるものとは限らない。『モーニング・ショー』に演出があるとすれば、意外性の起こる可能性のある素材を、一つの枠の中にほうりこんでみるということであろう」（注：同書、一二九頁）。

ここには期せずして、前述した井原高忠のバラエティ論に近いことが述べられている。すなわち、意外性の強調である。井原は、意外なものの組合せによって起こる一種の異化効果にバラエティの精髄を見ていた。意外性への着目という点で、両者の演出論は共通する。

ただし井原に比べれば、ここで浅田が言っている演出手法は、一歩引いたものと言っていいかもしれない。事前の計算によって特定の意外性を狙って引き起こそうとするのではなく、浅田の場合はなんらかの意外性が起こりやすい状況だけを用意するという手法だからだ。どのような意外な出来事が起こるのかまでは想定されていない。浅田は、いわば意外性を必然化するのではなく蓋然化させようとしている。

そこで番組の浮沈を握る存在として俄然重要になったのが、司会者である。視聴者と出演者を仲立ちする存在、いわば同時性の要の位置にある存在である司会者がとっさにどう振る舞うかによって、ハプニングはハプニングとなり、その効果も大きく変わってくるからである。先述のピーターソンも、「何をやるかより、それをいかに番組にするかが勝負のしどころであろう。その魅力の大部分を決定するのが、料理人である司会者だ」（注：同書、二七頁）と語っていたという。

そのことを踏まえ、浅田孝彦は「司会者はアナウンサーであってはいけない」と考えた。それは、「生きたニュース」を扱おうという先述の番組コンセプトから必然的に導き出される答えである。

当時、アナウンサーの仕事はディレクターから与えられた原稿を決まった時間内で正確に読み上げることだという通念は、いまよりはるかに強固だった。したがって、アナウンサーが自分の個性を出すことなどあってはならないことだった（注：同書、四五頁）。

それに対し、『モーニングショー』では、司会者の一挙手一投足自体がニュースになる。だから司会者が発する言葉は、生身の人間の言葉でなければならない。つまり、アナウンサーに求められるものとはとことん逆である。「自分でなければ言えないことを自分のことばで言う個性のある人」（注：NHKアナウンサー史編集委員会編『アナウンサーたちの70年』、二五二頁）こそが、『モーニングショー』の司会者にふさわしい。

そんな司会者の条件に合う第一候補として挙がったのは、高橋圭三であった。高橋は、NHKアナウンサーとしてクイズ番組『私の秘密』（一九五五）や『NHK紅白歌合戦』の明朗かつ軽快な司会ぶりで人気を博し、一九六二年にフリーアナウンサー第1号になっていた。

考えてみれば、アナウンサーが組織の一員ではなく、フリーとして仕事をするようになったとき、すでに司会者の〝自立〟が始まっていたと言えるだろう。実際、高橋は台本通りに番組を進める単なる「進行役」ではなく、その場の進行を司る「マスター・オブ・セレモニー」であろうとした。高橋自身、司会者の重要性を次のように語っている。「テレビ時代になりまして、民主主義の下では、皆さんがいろんなことをおっしゃるし、おやりになる。何をやっていても、それをまとめる役割は必要じゃないか、と思います」（注：高橋圭三『私の放送史』、一六九―一七一頁）。

厳密に言えば、浅田孝彦の考えた司会者像は、この高橋圭三の司会者像をさらに一歩〝民主化〟させたものだと言えるだろう。浅田は、司会者にまとめ役というだけでなく視聴者とまったく同じ目線に立つことを求めたからである。

その点、高橋との交渉が不調に終わった後、最終的に司会者に就任することになった木島則夫は適任だった。NHKのアナウンサー時代から「アナウンサーらしくないアナウンサー」、つまり生身の人間としてのアナウンサーの片鱗を見せていた木島の本領は、『木島則夫モーニングショー』で遺憾なく発揮された。

それを象徴するのが、木島則夫に付けられた「泣きの木島」という異名である。木島は、一般視聴者のご対面コーナーなどでよくもらい泣きをした。

異名のきっかけは、番組スタートからまだ間もない一九六四年五月二八日の放送だった。その日出演したのは、日本人としての戸籍がはっきりしないため帰国することもできず、韓国のソウルで細々と理髪店を営みながら孤児たちを引き取って育てている女性だった。そこにスタッフが探し当てた彼女の父親がスタジオに登場、知らされていなかった彼女は驚き、ただ泣きながら父親と抱擁を交わすのが精一杯だった。それを見た木島もまた言葉にならず、ただ泣くばかりだった（注：浅田、前掲書、一三二—一三三頁）。

ニュースかショーか

こうして、『木島則夫モーニングショー』は始まった。当初は2〜3％前後をうろうろしていた視聴率も、六月以降は5〜6％台を連発し、九月にはついに10％台を達成する。そして一年後には、コンスタントに15％台を記録するようになり、人気番組の地位を確立した（注：日本放送出版協会編『放送文化』誌にみる昭和放送史』、二五八—二五九頁）。民放にとって不毛の地だった朝の時間帯を切り開いたのである。

その成功を見た他局も、朝のニュースショーを次々とスタートさせた。一九六五年四月には、NHKで『スタジオ102』が始まった。司会はNHKアナの野村泰治。NHKならではの全国的中継網を生かしたニュース中心のワイド番組である。さらに、翌一九六六年四月には、『木島則夫モーニングショー』の裏番組で『こんにちは奥さん』がスタートした。司会は、後に『歴史への招待』（一九七八）や『クイズ面白ゼミナール』（一九八一）などのヒット番組を生み、『NHK紅白歌合戦』の司会を務めることになるＮＨＫアナ・鈴木健二であった。

この『こんにちは奥さん』の特筆すべき点、それは主婦による討論が番組の目玉だったことである。スタジオに集まった「奥さん」たちがその日のテーマに従って意見を戦わせる。その討論を仕切り、議論の流れをつくっていくのが司会者である鈴木の役割であった。

鈴木健二もまた、自分が単なる進行役とは思っていなかった。「司会者はただ番組を進行させる役ではない。時には主役になることもある。それには自分自身の意見を持つべきだ。出演者は、自分の意見を組み立てたり訂正するための素材だ」（注：ＮＨＫアナウンサー史編集委員会編、前掲書、二六六頁）。こう断言する鈴木は、実際番組中の大胆な発言で話題を呼んだ。無認可保育所の問題がテーマとなり、スタジオにいる働く母親たちが窮状を訴えたときには、当時の厚生大臣も出演している前で「日本には女のための政治がありません。私は司会者として中立を守らなければなりませんが、こと社会福祉の問題については私は中立ではいられません。政治は、はるかうしろにあります」（注：同書、二六六―二六七頁）と主張した。

一方、こうした硬派路線に対し、よりソフトな娯楽路線を目指したワイドショーもあった。一九六五年四月にスタートしたフジテレビ『小川宏ショー』である。

小川宏も、元は人気番組『ジェスチャー』（一九五三）の司会で名を馳せたＮＨＫアナウンサーだった。『小川宏ショー』は、彼の持ち味であるどこか飄々とした軽妙さをベースに、娯楽性を強く打ち出したワイドショーとして独自性を出した（注：日本放送出版協会編、前掲書、二五九頁）。話題の芸能人などへのインタビュー、スタジオに集めた小中学生に自由にしゃべってもらう「こどもの広場」、有名人が初恋の思い出を語り、その相手と「ご対面」する「初恋談義」など、主婦向けの娯楽路線で人気を博した（注：NHKアナウンサー史編集委員会編、前掲書、二六二頁）。

こうした〝娯楽偏重〟の内容は、政治経済など時事的なテーマを扱う他のワイドショーとは一線を画すものだった。それには、「ニュースショーでなくなったニュースショー」という批判もあった。それに対し、番組の担当者は、「この番組はニュースショーではなくワイドショーである」と反論した（注：同書、二六二頁）。

そこには、「ニュースかショーか」という二分法が顔をのぞかせている。

そもそも『木島則夫モーニングショー』は、ニュースとショーは両立可能であるというコンセプトから出発していた。それが政治の重大事であろうが、坂本九の歌であろうが、はたまた司会者のなにげない天気の話であろうが、生放送のなかで起こっていることはすべて同等にニュースだという考え方が根底にあった。それは実は、とてもラジカルな制作姿勢だったと言えるだろう。

ところがその後、『こんにちは奥さん』と『小川宏ショー』の対比に示されるように、「ニュース」と「ショー」は区別され、いわば「かたい」ワイドショーと「やわらかい」ワイドショーの二つの流れができていく。『木島則夫モーニングショー』が持っていたラジカルさは、ある種の世間的常識に従って打ち消されたのである。

視聴者という「演者」

ただ、ここまでみてきたワイドショー全体に共通して言えることもある。それは、視聴者の「演者」化である。『こんにちは奥さん』にせよ、あるいは『小川宏ショー』にせよ、一般人がスタジオで討論したり、有名人の初恋相手として登場したりと番組の中心になっていた。

そこでは、テレビ史的に見てなにが起こっていたのか？　先述の「泣きの木島」の生まれるきっかけになった『木島則夫モーニングショー』での親子対面の場面にもう一度注目しながら、そのあたりを探ってみよう。

この場面でも、角度を変えて見れば一般の視聴者は演者、司会者である木島則夫は観客になっている。とはいえそこには台本はないし、仕込みもない。その意味では登場した一般女性を〝演者〟と呼ぶのはためらわれるかもしれない。

しかし、女性本人に知らされていない突然の父親登場は、先述の浅田孝彦が言う「意外性の起こる可能性のある素材」として意図されたものである。そこには確実に演出が存在している。その文脈で考えるならば、ここでは視聴者もまた演出のつくった流れに沿って振る舞う広義の「演者」だと言うべきだろう。

この出演女性の来日目的は孤児を養うための援助を募ることであり、そのため当日の番組には現在育てている幼い男の子も出演していた。その男の子もまた、女性の親子対面を見て大粒の涙を流し、カメラはすかさずその顔をとらえていた。つまりこの場面には、孤児たちを育てる女性が自分もひとりの子どもとして似た境遇にあることを劇的に伝える効果があった。そしてそれは、出演している視聴者だけでなく、テレビの前で見ていた視聴者をも動かすようなものだった。放送直後から、視聴者が支援の物資を持って放送局まで直接訪ねて来たり、次々と放送局に物資が送られてきたりしたのである（注：浅田、前掲書、一三五―一三六頁）。

そこには、この時期、テレビが社会のなかに醸成し始めた一体感のようなものが感じ取れる。

たとえば、『木島則夫モーニングショー』が展開したキャンペーンのひとつに「献血キャンペーン」がある。汚染された血の輸血によって被害を被った一般視聴者の番組出演をきっかけに、血液銀行と協力して番組内で献血を呼びかけ、その模様を全国各地から生中継した。このキャンペーンは話題を呼び、多くの人々が献血に駆けつけただけでなく、国会でも取り上げられるほどになった（注：同書、一三六―一三八頁）。

もちろんこうしたキャンペーンは、テレビ以前から存在していただろう。しかし、ここで忘れてはならないのは、テレビにおいてはキャンペーンに参加する人々も画面に映り、インタビューなどを受けたりするということである。その点、そうした人たちも「演者」なのである。

こうした種類のテレビと社会の関係性は、一九七八年に始まり、現在も恒例として続く日本テレビの大型チャリティ番組「24時間テレビ」でひとつのピークを迎えることになる。24時間生放送するこの番組は、まさにワイド化の極みであった。第1回の放送では、日本武道館に募金を持って駆けつけ、パーソナリティである萩本欽一らと握手を交わす一般視聴者の姿が繰り返し映されていた。

それは、テレビがもたらす社会の一体感、言い方を換えれば「ファミリー」的な関係性が社会全体にまで拡張された瞬間であった。ピーターソンが日本のワイドショーのコンセプトとして語った「アットホーム・ショー」の最大級の実現であると同時に、〝一億総演者化〟が可視化した瞬間でもあった。

大衆への信頼、そして一九七〇年代へ

実は、この「24時間テレビ」の企画を立ち上げたのが、誰あろう井原高忠であった。

予想を超える第1回の盛り上がりを回想しながら、井原はこう述懐する。「おそろしいと思いませんか？　欽ちゃんが、寝ないで呼びかけただけで、日本中の子供が、貯金持ってかけてくるっていうのは。ヒットラーの時代にテレビがあったら、もっとすごかったろうってよく言われるけど。彼が演説始めたら、あのベルリンの広場が「ハイル・ヒットラー!!」で揺れた、というんだから、もしあれを、テレビで世界中に流したら、世界中で「ハイル・ヒットラー!!」になっちゃったのかもしれない」

（注：井原、前掲書、二三〇―二三一頁）

この井原の言葉は一九八〇年代のものだが、ここには「一億総白痴化」論の残響が聞き取れる。テレビから人気者が呼びかけただけで、深く考えることなくそれに従ってしまう大衆というものへの疑問、その扇動されやすさへの危機感がうかがえる。募金をしたなかには当然大人も多くいたのだが、それを「日本中の子供」と表現しているところに井原の懸念する気持ちが表れているように思える。

だが一方、浅田孝彦は、井原とは異なる考えを持っていた。

浅田は次のように主張する。「視聴者とともにあるということは、視聴者に迎合するということではない。当時テレビは、大衆を一億総白痴化させるといわれた。視聴者の絶対数が増えるにつれ、視聴率を上げるために、視聴層の底辺を対象としなければならないことは確かである。しかし、それはとりあげる素材の問題ではなく、素材のとりあげかたである」（注：浅田、前掲書、二二一―二二二頁）。

このように送り手側の意識、姿勢の重要性を指摘したうえで、浅田は大衆への信頼を口にする。「大衆の一人一人は、一人の天才より劣るであろう。けれども、数十万というマスで出された大衆の結論は、一人の天才の出した結論より、はるかに的確なものであることを私は疑わない。もし、大衆には低俗番組しか受け入れられないと考えていたとしたら、それは大衆を愚弄することになる」（注：同書、二二二頁）。

その根底には、ここまでふれてきたように浅田の同時性へのこだわり、すなわち送り手と受け手のあいだの直接的つながり、一対一の関係を重視する考え方がある。「テレビは最大のマス・コミュニケーションの場であるといわれる。それを否定するつもりはないが、みている心理状態は、あくまでもパーソナル・コミュニケーションなのだ。その集合が、客観的に見た場合に、何百万というマスでとらえられるのだ」（注：同書、五八頁）。こう述べる浅田は、木島則夫に対しても「タリー（とらえている映像が放送されていることを示す赤ランプ）のついているカメラを、一人の視聴者のつもりで、番組を進めていってください」（注：同書、五八頁）と頼んでいた。

先に、街頭テレビでプロレスを見ている群衆への実況アナウンサーからの呼びかけは、テレビの双方向的コミュニケーションの可能性を一瞬顕在化させたのではないかと書いた。ここで『木島則夫モーニングショー』がやろうとしたのは、それを日常の習慣として常態化することだったのではあるまいか。画面の向こうの木島則夫から呼びかけられた視聴者は、ただ見ているだけではなく、時には映像に出演し、映り込み、意図せざる「演者」となる。

だがそれは、誰もが「演者」になる権利を獲得すると同時に、自作自演がテレビの外側から内側へ入ってくるということでもある。テレビは自作自演的なプロレスを既存のコンテンツとして中継するのではなく、自ら自作自演的な「現場」になる。同時性がハプニングを生み出すよう誘導し、一般視聴者を「演者」に仕立て上げる。そこには、『なんでもやりまショー』と違って自ら「これはゲームである」と宣言しない点で、より巧みな自作自演の構図が生まれている。

しかしながら、それでもまだ視聴者は〝自発的な演者〟にはなっていない。この時点ではまだ、自分が演出されていることにも気づいていない「演者」にすぎない。自作自演の構図がさらに一歩進んだ高度なものになるためには、視聴者がテレビならではの演出の存在に気づき、自分の意思と欲望でそこに関与することが必要だろう。そして実際、一九七〇年代はそうなり始めたのである。

第2章　参加と自作自演——一九七〇年代の転換

1　演者になるということ——視聴者参加番組の変容

前章では、黎明期においてテレビの自作自演的な習性をめぐって生まれたさまざまな動きをジャンル横断的に見た。

そうしたなかで、テレビにとっての根本的な価値を持つものとして発見されたのが「現場」であった。テレビは生中継や生放送というスタイルを通して常に「現場」であることを欲し、またそうであることを強調する。いまでも生放送の番組でどこか誇ったように「LIVE」のテロップが画面の隅にわざわざ表示されるのは、その証拠だろう。

そのとき、テレビには自然と作為の交錯と微妙なバランスが生まれる。多くの場合、どこまでが自然でどこからが作為かを線引きすることは難しい。どんなに「生（なま）」で作為の入る余地はないかのようでも、どこかに演出や演技が入っている気配がある。その危うさをはらんだ均衡こそが、テレビ独特のリアリズムであり、視聴者にとっての興奮の素地である。一九五〇年代から六〇年代前半は、テレビにおけるそのような自作自演性の魅力に視聴者が目覚め始めた時期だった。だが自作自演性との付き合い方は、この段階ではまだ確立、定式化はされていない。

『ヤングおー!おー!』始まる

基本構図は、一九六〇年代後半から一九七〇年代に入っても変わることはなかった。しかし、テレビが歴史を重ねるなかで、新しい潮流が出てくる。

ひとつは、視聴者参加番組の変化だった。一九六〇年代後半から一九七〇年代にかけて、視聴者参加形式のバラエティが一大ブームを迎える。これから述べるように、それらはテレビ黎明期における視聴者参加番組とは異質な面を持っていた。

そのパイオニア的番組が、一九六九年放送開始の毎日放送『ヤングおー!おー!』である。

同番組誕生のきっかけは、ラジオの深夜放送ブームだった。

ラジオの深夜放送は一九五〇年代末にすでに始まっていたが、その頃の番組はあくまで深夜に働く大人向けのものであり、大きく注目を集めることはなかった。

ところが一九六〇年代後半になると、流れががらりと変わる。『オールナイトニッポン』(ニッポン放送、一九六七年開始)など若者をターゲットにした深夜放送が始まり、爆発的な人気を博するようになったのである。その背景には、戦後のベビーブーム世代(団塊世代)、人口的にボリュームゾーンの若者たちがちょうど大学受験期に入り深夜まで起きているようになったこと、そしてその若者たちがトランジスタラジオの普及によって自分の部屋でラジオを聞けるようになったことがあった。

関西においても、事情は同じだった。一九六六年、若者向けのリクエスト音楽番組『ＡＢＣヤング・リクエスト』（朝日放送）がスタート、そのなかのコーナー担当として登場したのが落語家・笑福亭仁鶴だった。当時仁鶴は二九歳、常識破りの早口なしゃべりとリスナーからのハガキを読むときに「どんなんかなー」と独特の抑揚をつけるギャグで若者から絶大な支持を集めた（注：読売新聞大阪本社文化部編『上方放送お笑い史』、二六八―二七二頁）。

もうひとり、同じく落語家からラジオの深夜放送で頭角を現したのが桂三枝（現・６代目桂文枝）である。一九六七年、毎日放送で始まった若者向け深夜ラジオ番組『歌え！ヤングタウン』、通称「ヤンタン」にレギュラー出演するようになった三枝は、スタジオに集まった高校生たちが学校や恋愛の悩みを訴える「スピーカーズコーナー」を担当し、「いらっしゃーい！」などこれまた独特の抑揚をつけたギャグで人気を博す（注：同書、二七三―二七七頁）。

『ヤングおー！おー！』は、その「ヤンタン」のテレビ版として企画された。

この番組は、吉本興業（現・よしもとクリエイティブ・エージェンシー）が初めて制作に携わったバラエティ番組でもあった。その方式は、「ユニット制作」と呼ばれるもの。出演するタレントはもちろん、企画、台本、演出からスタジオ、セット、カメラ機材まですべてを吉本興業が一手に請け負う方式である（注：吉野伊佐男、『情と笑いの仕事論』、六五―六六頁）。たとえば、初期の『ヤングおー！おー！』は、放送局のスタジオではなく、吉本興業が経営する劇場であるうめだ花月で収録された。

うめだ花月には、テレビ中継用の機材が揃っていたのである。

司会は、桂三枝と笑福亭仁鶴。ともにいまふれたラジオの深夜放送での若者人気を見込まれてのものだった。公開収録の形式で、内容は歌、コント、ゲームなどの複数のコーナーで構成される。『夢であいましょう』のような音楽バラエティとは異なる、現在主流のテレビバラエティの基本スタイルを定着させた番組のひとつと言っていいだろう。結局一三年間続いた番組のレギュラー出演者のなかには、まだ若手芸人だった明石家さんまや島田紳助もいた。

また、そこには視聴者参加番組の側面も多分にあった。素人、時には会場の観客が飛び入りでゲームやクイズに挑戦したり、客席全体が参加して大きな風船を運ぶゲームをしたりした（注：高田文夫・笑芸人編著、前掲書、一五〇頁）。

さらに言うなら、番組初期には視聴者参加の要素がもっと濃厚にあった。その頃の目玉コーナーはティーチ・インで、評論家の竹村健一や作家の佐藤愛子を講師に迎え、「制服は是か非か」といったテーマで討論をしていた。当時のスタッフのひとりは、「若者向けの番組がなかったので、この番組を若者の〝電波解放区〟と呼んで、彼らが興味のありそうなものを雑誌のように、ブロック構成で見せることになった」と述懐する（注：読売新聞芸能部編『テレビ番組の40年』、二七九頁）。

番組に一般視聴者が出演して意見を述べるスタイルは、前章で見たようにすでにワイドショーの得意な手法でもあった。ただ違うのは、「若者」が特別視されたことである。ワイドショーでは主婦であったり子どもであったりと、年齢層はそれほど問題ではなかった。それがこの時代にきて、若さ、当時の言い方だと「ヤング」であることが重要な条件になった。そしてそのことが、視聴者参加番組の方向性を決定づけることになる。

「恋愛」というツールの発見と『パンチDEデート』

すでにふれたように、『木島則夫モーニングショー』の企画・演出を担当した浅田孝彦は、テレビの持つ同時性の魅力をワイドショー演出の根幹に据えていた。そしてその魅力を発揮するには、生放送であることが重要だった。

それに対し、『ヤングおー!おー!』は、基本的に生放送ではなく収録だった。しかし、同時性は、生放送であることを絶対条件とするわけではない。視聴者が番組と時間をリアルに共有している感覚になれば、生放送かどうかは関係ない。

では、ターゲットである「若者」が時間をリアルに共有している感覚に最もなりやすいことはなにか? その答えとして導き出されたのが「恋愛」だった。『ヤングおー!おー!』の成功をきっかけにして一九七〇年代に始まった若者向けバラエティ番組は、視聴者参加による恋愛バラエティの様相を帯びるようになる。

一九七三年にスタートした『パンチDEデート』(関西テレビ)は、その代表的番組である。

番組は、いわば「テレビ版のお見合い」。まったく面識のない男女がカーテンで仕切られた両側に座り、顔を合わせないまま仕事や趣味のことなど相手からの質問に答える。その間、司会の桂三枝と西川きよしが男女それぞれの後見人のような立場でフォローしつつ、軽妙な話術で笑いをとる。そして最後にカーテンが開けられて「ご対面」。そこで改めて男女が会話を交わしてから、相手と交際するかどうかを決める。両方が「イエス」のボタンを押せば、背後にある大きな電飾のハートに明かりが灯って二人はカップルとなる。

この〝ブラインドデート〟のスタイルは、番組初代プロデューサー・栂井丈治によれば、「緊張感と『ご対面』の時の意外性を意識した演出」だった（注：同書、三八六頁）。つまり、顔を合わせないまま会話するなかで膨らんでいた頭のなかの相手のイメージと実際に顔を合わせたときの印象のずれ。それが大きければ大きいほど、思わぬ反応や表情をしてしまう。そこに面白さが生まれる。ここまでふれてきたように、それはバラエティの真髄である「意外性」を狙ったものであったことがわかる。

さらに興味深いのは、番組企画のコンセプトである。

似たような番組としては、すでに一九七一年に『新婚さんいらっしゃい』（朝日放送）が始まっていた。新婚夫婦の馴れ初めや新婚生活の笑えるエピソードを司会の桂三枝らが巧みに引き出していく内容で、ご存じのように現在も続く長寿番組である。当時その存在をライバルとして意識した栂井は、『『新婚さんいらっしゃい』は出場者の過去のエピソードを聞くものだが、『パンチDEデート』では、「テレビの中で、人生の重要な出会いの場を作りたい」と考えた（注：同書、三八四頁）。

つまり、栂井はあくまで〝現在〟であることにこだわった。そのことが、見知らぬ男女がいまここで出会い、カップルになるかもしれないというドキドキ感やわくわく感を、当事者だけでなく出会いの場を目撃している視聴者の側にも引き起こす。すなわち、時間をリアルに共有する感覚、ワイドショーの演出が狙ったのと同じく同時性の魅力がそこに生まれるのである。

『パンチDEデート』は高視聴率を挙げ、開始一年後の一九七四年には関西ローカルから全国ネットに昇格した。それは同時に、恋愛が若者向けバラエティにおける最強のツールとして認知されたということでもあった。

恋愛はゲームになる――『プロポーズ大作戦』と『ラブアタック!』

同じく一九七三年スタートの『プロポーズ大作戦』（朝日放送）も、恋愛バラエティブームの一翼を担った番組である。司会は横山やすし・西川きよしのコンビ。内容は2部構成で、前半がご対面コーナー、後半がゲームコーナーだった。

ご対面コーナーでは、落語家・桂きん枝がキューピッド役となって、視聴者から寄せられた人探しの依頼に奔走する。多くの場合、手がかりはとても少ない。たとえば、「電車で横に座った髪の長い女性で、連絡先はおろか名前もわからない。だが一目ぼれしてしまったので、なんとか探してほしい」といった具合である。まずきん枝が探し人を捜索する様子が、軽く笑いを交えたVTRで流れる。そして苦労して探し当てた相手がスタジオに登場すれば、依頼主が思いを告白する。ただし、相手の意向やさまざまな事情でスタジオに登場しないことも少なくない。相手がスタジオに来てくれたかどうか、相手が登場するセットにあるカーテンが開く瞬間が、ドキドキ感のピークとなる演出だった。

このコーナーが、ワイドショーのご対面コーナーと基本的に同じであることは言うまでもないだろう。芸能人の初恋の相手が登場する場面にもすでに同様の演出はあった。その意味では、登場する視聴者が若者限定になっただけで、目新しさは薄い。

それに対し、番組の代名詞的企画となった後半のコーナー「フィーリングカップル5vs5」は、視聴者参加番組の画期を成すものだった。

この「フィーリングカップル」は、男女5人ずつのグループがセットの大きなテーブルを挟んで相対し、交互に質問と答えを繰り返しながら、気に入った相手が互いに合えばカップル成立となる。『パンチDEデート』が公開見合いだとすれば、こちらは公開合コンである。実際、出場チームは大学生が多かった（注：高田文夫・笑芸人編集部編『テレビバラエティ大笑辞典』、一八七―一八八頁）。

最大の変化は、1対1から5対5になることで飛躍的にゲーム性が高まったことである。『パンチDEデート』が緊張感の高い設定だとすれば、こちらはもっとリラックスした、遊び感覚の強い空間になった。

たとえば、テーブルには電光掲示板のように誰が誰を選んだかが表示できるようになっている。そしてその回で目立った男性参加者がどの女性を選んだかを特別に見てみる、という本人からすれば恥ずかしい場面が必ず毎回あった。

その〝餌食〟となるのが、だいたい男性チームの「5番」であった。女性からの質問には、1番から順番に答えていく。1番に座ったリーダーの男性が真面目な回答をし、2番、3番、4番がそれぞれの個性で少しずつ盛り上げ、最後の5番がオチで笑わせる。いわば大喜利の要領になっていた。

さらに恋愛ゲームに特化した番組も人気を集めた。一九七五年に始まった『ラブアタック!』(朝日放送)である。

司会は横山ノック、上岡龍太郎、和田アキ子。視聴者参加で登場する男性5人の「アタッカー」が、ひとりの「かぐや姫」のハートを射止めるべく競い合う。そのかたちは2パターンあった。ひとつはディナー早食いなどのゲーム、もうひとつは歌や一発芸などによる自己アピール。いずれの場合も、最終的にアタッカーがかぐや姫に告白し、めでたくカップル成立となればよいが、かぐや姫が断った場合はそのアタッカーが座っている床が抜けて「奈落の底」に落とされる仕組みになっていた。

「大学生」というアイコン

こうして、視聴者参加番組の素人たちは、ますますゲームのプレーヤーと化していった。言い方を換えれば、視聴者が演者へと変わり始めたのである。

たとえばその変化は、『パンチDEデート』と『ラブアタック!』のあいだでみても感じられる。『パンチDEデート』は、装いこそバラエティ的に華やかに演出されたものになっているが、かたちとしては古典的なお見合いのスタイルを踏襲している。司会の桂三枝や西川きよしは男女に会話を促す仲人のポジションである。最終的には遊びなのだが、そこまでのプロセスは緊張感を伴い、出演する男女はいたって真面目である。彼と彼女は基本的に受け身であり、会場の笑いを誘う場合でも、それは司会によって引き出された面白さであることが多い。

それに対し、『ラブアタック！』では、参加する素人ははるかに積極的であり、演者である自分を強く意識している。目的は「かぐや姫」とカップルになることなのだが、それに劣らず公開収録の場にいる観客にウケることも強く意識されていた。全員に「フィーリングカップル」の「5番」的なノリがあり、良くも悪くも目立って常連化したアタッカーを集めて「みじめアタッカー」大会が企画されることもあった。

ただし、この『ラブアタック！』でも、そうした素人のパフォーマンスを引き出すのは番組の側である。司会の上岡龍太郎が見事な早食い実況でアシストすることなどもそうだが、なによりもまず明確に「これはゲームである」という設定なしには、演者たちも心置きなくアピールすることは難しかっただろう。

とはいえ、参加する視聴者の演者意識は確実に高まっていた。そこでひとつ注目したいのは、演者の主力としての「大学生」のアイコン化である。

「フィーリングカップル」でもそうだったが、『ラブアタック！』では、大学生の出演率が圧倒的に高かった。しかも収録スタジオには大学のサークルの友人たちが来ていて、仲間のライバル出場者が告白する場面では「落・ち・ろ！」などとコールするのがお決まりだった。それはまさに大学祭のノリがそのまま持ち込まれたような空間だった。

心理学者の小此木啓吾が雑誌『中央公論』に「モラトリアム人間の時代」を発表して大きな反響を呼

んだのが一九七七年である。元来、「支払い猶予」という意味の金融用語であったものを、心理学者であるE・H・エリクソンが「社会的責任・義務を果たすことを一時免除されている期間」、具体的には青年期を指す概念として用いた。それを発展させた小此木は、モラトリアムが青年期に限らずあらゆる年代の日本人の生き方に当てはまるようになっていると主張した。その分析は反響を呼び、単行本化された『モラトリアム人間の時代』(一九七八)はベストセラーとなって「モラトリアム」は一躍流行語になった。

さらに一九八〇年代に入ってくると、大学のレジャーランド化が盛んに指摘されるようになる。大学が社会に出るための専門知識や技術、あるいは大人になるための教養を身につける場という意識が薄れ、社会に出る前の最後の自由を満喫する場と受けとめられるようになり、大学生は遊ぶことに精力を注ぐことが当たり前になっていく。言うまでもなくそこには、「モラトリアム」感覚の浸透がもたらした帰結がある。

教育社会学者の竹内洋によれば、大学のレジャーランド化の淵源は、一九六〇年代末の学生運動の挫折にある(注:以下の要約は、竹内洋『教養主義の没落』に基づく)。

全共闘世代は、それまで当然のものとしてあった教養主義を徹底的に攻撃した。教養は、それまで大学の教師が主張したような人間にとって普遍的に必要な価値ではなく、学歴エリートが自らの特権的地位を保つための手段にすぎない。大学進学率が上昇して大学が大衆化するなかで、将来はほとんどがサラリーマンやOLになる学生にとって、教養は不要なものとしてとらえられるようになったのである。

学生運動が挫折した後に大学に入学した学生たちもまた、そうした反教養主義的スタンスを当然のものと考えた。ただし、教養主義を直接攻撃するのではなく、大学を「学びの場」から「遊びの場」へと換骨奪胎する。竹内洋の表現を借りれば、レジャーランド大学は、ポスト全共闘世代が「遊民」化することによって誕生したのである(注:同書、二二四―二二五頁)。

そんな「遊民」的大学生の象徴が、いまふれてきた視聴者参加番組に出演する大学生たちである。いやむしろ、大学のレジャーランド化の指摘が一九八〇年代になって高まったことを踏まえれば、「フィーリングカップル」や『ラブアタック!』のほうが早かったと言えるだろう。

「空気」からの〝軽い逸脱〟

それは、テレビが社会の後追いではなく、むしろ社会の趨勢を先取りする時代がこの頃に始まった可能性を物語っている。実際、学生運動がもたらした教養の空洞化は、その一〇年ほど以前に、すでにテレビについて「一億総白痴化」説が指摘していたことではなかっただろうか。

ただここで肝心なのは、テレビに出演する大学生たちが、どこまでテレビが自作自演的なメディアであることをわかってやっていたかということである。

大宅壮一がやり玉に挙げた『なんでもやりまショー』は、もう一方でテレビの自作自演性を活用した先駆的な事例でもあった。ただしそこにおける視聴者は、番組による自作自演的な企てを〝覗き見〟する快楽は覚えたかもしれないが、自作自演性に自覚的に関与してはいなかった。

では、演者となった一九七〇年代の大学生たちはどうだろうか？　テレビの自作自演的な演出を踏まえた〝自発的な演者〟になっているのだろうか？

確かに、大学生たちは、一九六〇年代のワイドショーに出演する一般視聴者とは明らかに違っていた。ワイドショーでもすでにあった意外性の演出を理解し、それを演者として自発的に引き受けようとした。端的に言えば、「ウケる」ことを意識し始めたのである。

「フィーリングカップル」や『ラブアタック！』での大学生は、ゲームで定められた目的から積極的に逸脱しようとした。どちらの番組でも相手の異性の気持ちをつかむことが決められたゲームの目的である。ところが、「フィーリングカップル」の男性側の５番は、オチとして面白いことを言うこと、『ラブアタック！』のみじめアタッカーは、ゲームのなかで面白くフラれることが目標になっていた。そうした意味においては、選ばれないことこそがむしろ〝名誉〟だったのである。言い方を換えるなら、その場の期待感に応えて「あえて失敗すること」を大学生たちは実践したのである。

それはいわば、「空気」を読むことの始まりでもある。

日本社会における「空気」の支配を先駆的に指摘した著作として知られる山本七平『「空気」の研究』が刊行されたのが一九七七年。先ほどふれた小此木啓吾の「モラトリアム人間の研究」が発表されたのと同年のことであり、大学生たちが演者化した視聴者参加番組の隆盛期ともぴったり重なっていた。

ただ、視聴者参加番組での「空気」は、山本七平が日本社会について指摘したような有無を言わさぬ同調への圧力というよりは、「現場」を盛り上げること、すなわち「ウケる」ことへの圧力として作用した。その目的を達成するために、演者の大学生たちはその場の「空気」を適切に読むことを必然的に求められた。その点、「空気」を読むことは、個の軽い自己主張、「空気」からの〝軽い逸脱〟とセットになったものであった。

漫才の立体化――関西と視聴者参加

そうした〝軽い逸脱〟が首尾よく行くための基盤となったのが、関西的な笑いのコミュニケーションだった。

お気づきのように、本章でここまで取り上げてきた視聴者参加番組は、すべて関西のテレビ局の制作によるものである。そしてどの番組においても、関西のお笑い芸人が司会を務めていた。

そこには言うまでもなく、吉本興業や松竹芸能に代表されるような関西のお笑い文化の土壌がある。『ヤングおー！おー！』が吉本興業主導による初のバラエティ番組であることは先述したが、その一事だけを見てもテレビと笑いの関係がこの時期により密接になったことがわかる。

前章でも書いたように、寄席中継はテレビの草創期における人気番組のひとつだった。それは関西においても変わらない。ただ、ラジオからテレビになって変わったのは、視覚的に訴える笑いの比重が高まったことである。顔の表情や動作による笑いは、当然ラジオでは伝わりにくい。

そこで寄席中継に代わって台頭したのが、コメディである。落語よりも視覚的笑いに訴えやすい喜劇が、視聴者の人気を集めたのである。花登筐の脚本による『番頭はんと丁稚どん』（毎日放送、一九五九年）や藤山寛美の主演による松竹新喜劇、そしてテレビ時代を意識してギャグ中心の笑いを目指した吉本新喜劇などが続々と現れ、評判になった（注：読売新聞大阪本社文化部編、前掲書、一七七—二三三頁）。

このコメディブームの流れのなかで、一九六二年朝日放送『てなもんや三度笠』が始まる。藤田まこと、白木みのるの珍道中に毎回ゲストが絡む時代劇コメディである。視聴率は、関西で50％、関東でも40％を超える回もあるほどの大ヒットとなった（注：同書、二五〇頁）。

実は、その盤石と思われた「てなもんや」シリーズを打ち破ったのが、裏番組として始まった『ヤングおー！おー！』であった。それは、コメディからバラエティへというお笑い番組の潮流の変化を象徴する出来事であった。

一方、視聴者参加番組の歴史はラジオから始まった。

『パンチDEデート』が『新婚さんいらっしゃい』との違いを意識していたことは前述したが、『新婚さんいらっしゃい』のような一般視聴者夫婦とのトーク番組の元祖にあたるのが『夫婦善哉』（朝日放送、一九五五年）である。

この番組の構成作家であった秋田実が抱いたコンセプトは「立体漫才」であった。秋田はエンタツ・アチャコの座付き作家として戦前のしゃべくり漫才の誕生に大きく寄与した人物だが、戦後は「笑いの総合薬」と称して漫才の複合化である「漫才芝居」を目論んでいた（注：富岡多恵子『漫才作者秋田實』、二一八—二二六頁)。司会のミヤコ蝶々・南都雄二は、当時の夫婦漫才のスター。そこに素人夫婦を絡ませて、一般人を巻き込んだまさに漫才のようなボケとツッコミの会話が繰り広げられる。もちろん登場する夫婦のタイプや個性は千差万別だが、ミヤコ蝶々の当意即妙の話術の力は大きく『夫婦善哉』は人気長寿番組になった(注:同書、九二頁)。

この「立体漫才」の手法は、他ジャンルの番組でも用いられた。一九五四年に始まった朝日放送『お笑い街頭録音』がそれである。司会を務めた中田ダイマル・ラケットは、当時随一の人気を誇った漫才師であった。その二人が街頭に繰り出し、街行く人々にインタビューする(注:同書、九五頁)。

一般の人々への街頭インタビューは、当時流行の手法でもあった。

敗戦直後の一九四六年に始まったNHK『街頭録音』は、銀座、新宿、浅草などの繁華街で通行人にマイクを向けて政治や世相についての意見を述べてもらうという、「日本人にとってまったく画期的な番組」(注:鴨下信一『誰も「戦後」を覚えていない』、一九五頁)だった。戦後の劣悪な食糧事情を踏まえた第1回の放送「あなたはどうして食べていますか」をはじめ、戦災孤児の保護、失業問題、新憲法などしばしば当時の社会問題がテーマとなった。また時には少年院に保護された少年たちやガード下に立つ「パンパン」と呼ばれた売春婦にインタビューを試み、大きな反響を呼んだ(注:藤倉修一『マイク人生うらおもて』、八八—一一〇頁)。

それに対し、『お笑い街頭録音』は、ごく日常的で身近なテーマを意図的に選んだ。「もしも二百万円が当たったら」「パチンコは是か非か」「姑と嫁はどっちが得」といったようなものである。たとえば、パチンコの回では、ラケットが、インタビューされている男の子に「(父親が負けて帰ったときに)おかあちゃんとけんかしたやろ」と聞くと、男の子は「せえへん」と答える。ラケットがさらに「何も言わんの?」と聞くと、男の子が「言わんけど、怒りよるねん」と返して大爆笑になった(注:読売新聞大阪本社文化部、前掲書、九六―九七頁)。

「民主化」と「お笑い化」

一般人への街頭インタビューが流行った背景には、戦後直後の占領軍による民主化の推進があった。『街頭録音』は、そもそもCIE(GHQの部局のひとつ)が企画したものである。放送を一部の人だけのものではなく、広く国民全体に開かれた民主的なものにする。その具体化のひとつとして街頭インタビューはあった。

ところが、関西においては、その手法は、インタビューされたひとが自分の考えを主張するというよりは、インタビュアーとの掛け合いになった。もちろん娯楽性という点では、そちらのほうが優っている。しかし、笑いだけが目的化すれば、個人の考えや意見の是非は問われなくなる。その意味では、民主化の変質というリスクを伴っていた。

ただ、お笑いによる視聴者参加には、ある種の民主化を進める面もあった。好例が、視聴者参加のものまね番組である。関西では、いち早く視聴者参加のものまね番組がラジオで始まった。朝日放送の『ドリームアワー・ものまねコンクール』(一九五三)である。東京と大阪での予選を勝ち抜き、決勝大会で優勝すると200ccバイクが賞品としてもらえた。有名俳優から動物のものまねまでなんでもあり。「似ている似ていないは別問題。とにかく笑わせたらいい」というのが番組のコンセプトだったが、この番組がきっかけでプロのものまね芸人も誕生した（注：同書、九八―一〇〇頁）。

この番組が前章でもふれた『NHKのど自慢』のものまね版であることは言うまでもない。『NHKのど自慢』が歌声の民主化であったとすれば、『ドリームアワー・ものまねコンクール』は笑いの民主化であった。いずれにしてもそれらは、自己表現の民主化だったと言えるだろう。

『ヤングおー！おー！』がラジオをベースにしていたように、ここまでふれてきた一連のテレビの視聴者参加番組の隆盛の背景には、こうしたラジオでの歴史的蓄積があった。そしてそこには全体として、「民主化」と「お笑い化」の両義的な関係を見出すことができる。お笑い化は民主化の進展であると同時に、民主化の変質でもある。

一九七〇年代以降、「民主化」と「お笑い化」は複雑に絡み合いながらテレビの大きな潮流を形づくっていく。東京のキー局でも、同時期に『TVジョッキー』（日本テレビ系、一九七一年放送開始）や『ぎんざNOW！』（TBSテレビ系、一九七二年放送開始）のような視聴者参加型のバラエティが登場している。前者が土居まさる、後者がせんだみつおと、こちらも関西の場合と同様ラジオの若者向け深夜放送で人気があったDJを司会に据え、視聴者参加の演芸コーナーからは後にプロの芸人になる人材が輩出した。『TVジョッキー』のとんねるず、『ぎんざNOW！』の小堺一機、関根勤らがそうである。

そんな「素人」とテレビの相性の良さに鋭く着目した人気お笑い芸人がいた。一九六〇年代後半コント55号で一世を風靡した「欽ちゃん」こと萩本欽一である。この後ふれるように、この気づきは萩本自身の一九七〇年代後半におけるテレビでの画期的な成功と、結果的に一九八〇年代以降のお笑い芸人全盛の時代をもたらすことになる。

2　すべては「現場」になる――テレビ空間の拡張

「あなたはいったい誰ですか」

「テレビ・ドキュメンタリーは、ノンフィクション番組ではない。まして報道番組のことではない。ひとは「日本の素顔」とか、「ノンフィクション劇場」とか、「現代の主役」とかいったフィルム構成番組の系譜のみを論ずる。その視点からは、制作者の意志の有無にかかわらず、現象としてすぐれたドキュメンタリーとなっている「夫婦善哉」や「アベック歌合戦」や「ちびっこのど自慢」や、もろもろのCMフィルムのドキュメンタリー的要因についてはすっぽり脱落してしまっているのだ」（注：萩元晴彦・村木良彦・今野勉『お前はただの現在にすぎない』、四九頁）。

これは、TBSのディレクターであった村木良彦が雑誌『映像芸術』の一九六八年二月号に寄せた文章の一節である。『日本の素顔』だけがドキュメンタリーではなく、『夫婦善哉』もまたそうである、と村木は主張する。前述したことと重ね合わせてみるなら、一般視聴者を交えた「立体漫才」的インタビューのなかに、村木はドキュメンタリー性を見ていたことになる。

それは翻って言えば、『街頭録音』のような番組でのインタビューも、『夫婦善哉』のような聞く側と答える側のコミュニケーションであってよいはずだということだろう。聞く側が定型的な質問を繰り返し、答える側がただ一方的に意見を述べるようなインタビューに終始するなら、そこにはコミュニケーションは存在しない。

ただしここで言う「コミュニケーション」は、『お笑い街頭録音』のように聞く側と答える側がにこやかに会話、雑談することともまた違うだろう。では、どのようなインタビュー番組がありうるのか?

実際、村木はTBSの同僚らとともに、すでにインタビューにおけるある〝実験〟を試みていた。彼がディレクターのひとりを務め、同僚の萩元晴彦が企画・ディレクター、そして詩人・劇作家の寺山修司が構成を担当した『あなたは…』(TBSテレビ系、一九六六年)である。

この番組では、魚河岸、ラッシュ時の駅のホームなどさまざまな場所にいる年齢も性別もばらばらの一般人に対して、20個近い質問が矢継ぎ早に投げかけられる。「いま一番ほしいものは何ですか」に始まり、「天皇陛下は好きですか」「いま一万円あげたら何に使いますか」「ベトナム戦争にあなたも責任があると思いますか」「あなたにとって幸福とは何ですか」など一見脈絡なく質問が続く。そしてインタビューは、「最後に聞きますが、あなたはいったい誰ですか」という質問で締めくくられる。

いわばどれも答えにくい質問ばかりだ。だがインタビュアーは考える間を与えず、次から次へと質問を繰り出す。答えることの難しい質問が20近くもあった後で、最後に「あなたはいったい誰ですか」と唐突に聞かれて戸惑わない人間は珍しいだろう。なかには感心するような答えを返すひともいるが、少し考えこんでしまったり、口ごもってしまったりするようなひとも少なくない。

だがそこにこそ演出側の意図があることは明らかだ。先述した『街頭録音』と『お笑い街頭録音』にみられる硬軟の対比をあえてごちゃ混ぜにしたようなインタビューによって、相手の動揺や迷いを誘発し、素の言葉や表情、ひいては人となりを一瞬であれ引き出すこと。村木良彦の言葉を借りれば、そこに現象としてすぐれたドキュメンタリー性が顕在化する、ということなのだろう。

コミュニケーションを「開く」

それは奇しくも、萩本欽一が見出した「素人」の笑いと同じ構図である。

先ほどふれたように、一九七〇年代後半萩本は自身の企画したバラエティに「素人」を積極的に起用し、高視聴率番組を連発した。

『欽ちゃんのドンとやってみよう!』(フジテレビ系)や『欽ちゃんのどこまでやるの!』(テレビ朝日系)などそれらの番組では、萩本欽一と「素人」が親子コントなどを繰り広げる。基本的スタイルは、萩本が問いかけ、それに「素人」が答えるというもの。お笑いの用語で言うなら、問いかけがフリ、答えがボケである。萩本は、一回だけ問うのではなく、相手の答えを受けて間髪入れずさらに問いかける。そうすると経験の浅い「素人」はだんだん追い込まれる。だがその果てに放つ、時には苦し紛れの答えが爆笑を呼ぶ。

これは、『あなたは…』の手法と酷似している。考える余分な間を与えないことで、相手の素の表情や面白さが引き出される。言い方を換えれば、コミュニケーションをあえて動揺させ、不安定にすることで思いもかけぬスリリングな展開が生まれる。『あなたは…』も萩本欽一も、そのようにすることでコミュニケーションをステレオタイプなものに帰着させることなく「開く」ことに成功したのである。

加えて『あなたは…』には、再三ふれてきたワイドショーの演出との共通点も感じられる。ワイドショーがこだわったのは同時性であった。『木島則夫モーニングショー』を企画・演出した浅田孝彦は、生放送のワイドショーの最大の魅力は「今という瞬間において、視聴者と出演者、つまり受け手と送り手を一つに結びつける」同時性であると考えた。そのうえで、同時性が最も威力を発揮する意外性、つまりハプニングの起こりやすい状況を用意することに腐心した。「意外性というものは、待っていただけでくるものとは限らない。『モーニング・ショー』に演出があるとすれば、意外性の起こる可能性のある素材を、一つの枠の中にほうりこんでみるということであろう」。

『あなたは…』のインタビューにも、同様の演出意図があるように見える。そこでは、一般の人々が主役になることによって、視聴者と出演者は限りなく一体化している。そしてインタビューを受けるそれら一般の人々は、簡単には答えにくい質問を次々浴びせられ、思わず素の表情を見せる。その様子は、視聴者にとって我が事のようなドキドキ感もあり、同時に意外性に満ち満ちている。

村木良彦は、先ほど引用した一節に続き、「テレビジョンはフィクションもひっくるめてすべてドキュメンタリーである。ドキュメンタリーそのもの」と結論付けたうえで、こう締めくくる。「テレビジョンは〈時間〉である」（注：同書、四九頁）。この言葉が収められた本のタイトルは、「お前はただの現在にすぎない」。言うまでもなくそれは、テレビの同時性の力を主張する浅田孝彦に通じるものだろう。

ただ、『あなたは…』がワイドショーと違っていたのは、街頭などスタジオの外が舞台だったことである。単純な違いと言えばそうだが、その意味合いは大きい。『あなたは…』では、通勤客でごった返すラッシュアワーの駅のホームでインタビューを敢行するなど、その「現場」のチョイス自体が意外性の源泉でもあったからである。コミュニケーションが開かれていくことは、そのままテレビの「現場」が広がっていくことでもあった。

「現場」でテレビを見る人

一九七〇年代のテレビにおいて、同じくスタジオの外が「現場」になり、それがこれ以上ないほど多くの視聴者を引き付けた出来事と言えば、一九七二年のあさま山荘事件の中継を置いてほかにない。日本のテレビ史を振り返るとき、ふれられないことはないほどのエポックメーキングな出来事だ。確かに本書としても、そのことに異論はない。しかしそれは、ただ単に記録的な長時間の生中継だったからではない。

まずはあらましをざっと振り返っておこう。

長野県軽井沢町（当時）にあった宿泊施設・あさま山荘に連合赤軍のグループが人質とともに立てこもった。そしてそれから一〇日後、機動隊が強行突入し、銃撃戦などで殉職者を出しながらも人質を救出、全員を逮捕した。それが一九七二年二月二八日のことであり、その日テレビ各局は朝から夕方まで長時間の生中継をおこなった。ＮＨＫの10時間20分を筆頭に、多くの民放もＣＭを大部分カットして９時間前後の中継を敢行、日本のテレビ史上前例のない一日となった（注：読売新聞芸能部編、前掲書、五七七頁）。ＮＨＫの最高視聴率は50・８％、またＮＨＫと民放を合わせた視聴率は午後６時過ぎに89・７％とほぼ90％に達した（注：引田惣彌『全記録 テレビ視聴率50年』、一一七―一一九頁。『テレビ50年』、一六一頁など。視聴率の数字はビデオリサーチ調べ、関東地区。以下の場合も同様）。ある年代以上のひとなら、画面にずっと映し出される山荘の外観、強行突入の際に重機によって吊り下げられた巨大な鉄球が山荘の壁を破壊する様子などをよく覚えているだろう。

いま改めて振り返ってみて驚くのは、この一九七二年二月には大きな内外のニュース、イベントが集中していたことである。

まず、世界情勢に大きな動きが起こっていた。アメリカのニクソン大統領（当時）の中国訪問である。ベトナム戦争をめぐって対立していた中国へのアメリカの接近は、第二次世界大戦後の国際関係の基本であった米ソ対立による冷戦構造にとっても重要な転機となる出来事であった。訪中したニクソン大統領は現地で毛沢東ら中国首脳と会談し、米中共同声明を発表した。

その模様は、国際映像を通じて日本の茶の間にも届けられた。ニクソン大統領の北京入りが一九七二年の二月二一日、そして米中共同声明の発表が同二七日。つまりあさま山荘事件とまさに同時進行だった。

このニュースをテレビで見ていたのが、あさま山荘に立てこもった連合赤軍の犯人グループのひとり、坂口弘である。場所は当然、あさま山荘のなかであった。

坂口は、山荘のテレビでたまたまニクソン訪中のニュースを見て衝撃を受ける。なぜなら、連合赤軍の存在自体が冷戦構造を前提にしたものであり、その土台が崩れればいまここで立てこもっていることもまったく無意味なものになってしまうからである。

実際、坂口は後に述懐している。二月二一日、坂口は「夜七時のテレビ・ニュースでニクソン米大統領一行の中国訪問の様子を見た」。そうした「中国封じ込め政策を転換して、中国との間に新たな改善と均衡の道を探る」アメリカの行動は、坂口にとって彼らの「武闘路線を根底から覆すショッキングな出来事」だった（注：坪内祐三『一九七二』、二五〇頁から引用）。

もうひとつ、同じくこの二月には日本にとっての国家的イベントもあった。二月三日から一三日まで開催された札幌オリンピックである。日本はもちろん、アジアで初めて行われた記念すべき冬季オリンピックであった。

戦前の一九四〇年に一度、札幌冬季五輪の開催は決まっていた。ところが日中戦争の激化などもあって、開催は中止にいたっていた。同様の経緯のあった夏季開催の東京オリンピックが一九六四年に開催されたことから再び機運が高まり、実現したのがこのオリンピックであった。この大会で話題をさらったのはジャンプ競技で、70メートル級純ジャンプで金銀銅のメダルを独占した日本選手がその後に出場した90メートル級純ジャンプの中継は、視聴率53・1％という高視聴率を記録した（注：引田、前掲書、一一九頁）。

実は、札幌が他の立候補地との誘致合戦を制した背景にはテレビが大きく関わっていた。一九六四年の東京オリンピックは衛星中継による初の大会を謳い文句にしていた。それに続き、札幌オリンピックのときは「カラーによる史上初の冬季オリンピック」を前面に打ち出したのである。IOCも、テレビ中継が円滑にできるかどうかを開催地選定の条件に含めていた（注：杉山茂&角川インタラクティブ・メディア『テレビスポーツ50年』、一二八—一二九頁）。

こうしてこの頃、海外か国内かに関わらず、テレビを見ることを通じて誰でも歴史の節目に立ち会える時代であることがますます明らかになったのである。

テレビが社会になるとき

この一九七二年には、ほかにもテレビ史に残る記録が打ち立てられている。TBSの連続ドラマ『ありがとう』が一二月二一日放送回で56・3％という視聴率を挙げた（注：引田、前掲書、一二一頁）。これは民放テレビドラマの歴代第1位の記録としていまだに破られていない。スペシャル番組でもない通常の放送回でのこの数字は驚異的と言っていい。

『ありがとう』は、歌手の水前寺清子主演で第3シリーズまで制作された。水前寺が演じる職業は警察官、看護師、魚屋とシリーズごとに変わったが、いずれも山岡久乃との母子家庭が中心になり、そこに水前寺と石坂浩二の恋愛模様が絡む庶民の日常を描いたものだった。最高視聴率を達成したのは、一九七二年開始の第2シリーズである。

こうした市井の人々の日常生活を描くホームドラマは、当時のドラマの中心的なトレンドだった。とりわけTBSは、『時間ですよ』（一九六五年放送開始）や『肝っ玉母さん』（一九六八年放送開始）などのヒットシリーズを連発し、それによって〝ドラマのTBS〟のイメージも世間に定着した。

さて、ここまで見てきたように、一九七二年はテレビにとってエポックメーキングとなる出来事が集中した年であった。これはいったいなにを意味するのだろうか？

それは、「テレビが社会になった」ということである。客観的に見れば数あるメディアのひとつにすぎないテレビが、そのままイコール社会になった。そのことが明らかになったのが、この一九七二年という年だったのではないか。

言い方を換えるなら、それはテレビが社会を呑み込んだ瞬間であった。いや、正確に言えば、テレビと社会が互いを呑み込み合った結果、テレビと社会のどちらが主でどちらが従かわからなくなったのである。あさま山荘に立てこもった坂口弘は、テレビがその姿をとらえようとカメラをずっと向けられている対象でありながら、山荘のなかでは一視聴者としてテレビを見ていた。その構図がまさにそうではあるまいか。

そしてそうした構図がもっと私たちの身近になった場面を、さらにその数年後に私たちは目にすることになった。その主役は再び萩本欽一である。

先ほども挙げた『欽ちゃんのどこまでやるの！』（以下、『欽どこ』と表記）は、一九七六年スタートのちょっと変わった設定のバラエティだった。

公開収録の舞台上のセットは、萩本と真屋順子が扮する夫婦一家の暮らす、どこにもありそうなお茶の間。ただちょっと変わっているのはテレビの置かれた位置である。テレビはまさにその部屋のど真ん中に鎮座し、萩本と真屋がそれを挟むように座っている。それもそのはず、この番組では、そのテレビ画面に映し出されるVTRがそのまま「○○ドラマ」と名付けられた番組の各コーナーになっているという設定だからである。つまり、萩本と真屋は、そのVTRが流れているあいだは私たちと同じ視聴者の立場になる。

コーナー名が「○○ドラマ」となっているのは、ちょうど裏番組にTBSの「水曜劇場」というホームドラマ枠があったからである。要するに『欽どこ』は、『ありがとう』のようなホームドラマを熱心に見る視聴者の家庭が舞台として想定された、パロディ的要素も加味したコメディであった。もちろんさらにその一歩手前のところには、テレビを見る萩本たちをテレビの前で見る私たち視聴者がいる。

その構図は、先述のあさま山荘事件中継にオーバーラップする。あの日多くの視聴者が、テレビの前で事件解決の瞬間を待ち構えていた。だがそのとき犯人グループのひとり、坂口弘は、山荘のなかでテレビを見ていた。私たち視聴者は直接その姿を目にすることはなかったが、実はそこでもテレビを見ているひとを見ていたのだ。

こうして一九七〇年代、テレビと社会の入れ子構造が可視化された。テレビに映っているひととテレビを見るひとがくるくる反転する関係となり、そこに閉じられたかのようなひとつの構造が出現する。社会がまずあってそれを映すテレビがあるという〝常識〟が覆り、逆に「社会はテレビである」という実感が受け入れられ始める。そのとき、あらゆるものがテレビに飲み込まれたかのように私たちは感じるようになった。「テレビ社会ニッポン」が誕生したのである。

そのことは、一九七二年が沖縄返還の年でもあったことを思い起こさせる。それですべてが解決したわけではなく、現在も基地問題など課題が山積しているのは言うまでもない。だがこの年の沖縄返還は、少なくとも制度上は敗戦後の復興がひとまずひと区切りがついたことを思わせる出来事であった。つまり、日本社会に属していながらアメリカの統治下にあるような「外部」が消滅したということでもあった。ちょうど同時期にドルショックやオイルショックをきっかけにもたらされた高度経済成長の終焉についても、大きな文脈では同じようなことが言えるだろう。

ところで、その沖縄返還を実現したのは時の佐藤内閣だった。その首相・佐藤栄作には、テレビをめぐる有名なエピソードがある。これも一九七二年、六月の退陣記者会見でのことである。

七年八ヶ月に及ぶ記録的な長期政権を築いた佐藤の退陣記者会見には、当然多くのメディアが駆けつけた。ところが佐藤はその冒頭、「テレビカメラはどこかね？」と切り出し、偏向している新聞は嫌いだからテレビカメラを通じて「国民に直接話したい」と主張した。その後佐藤がいったん退室するなどひと悶着があったが、結局佐藤の望み通り、新聞記者たちのいないがらんとした部屋でテレビカメラだけに向かって退陣の弁を語るという前代未聞の会見になった（注：星浩・逢坂巌『テレビ政治　国会報道からＴＶタックルまで』など）。

これもまた、テレビが社会になった瞬間のひとつと言っていいだろう。佐藤は、テレビこそが国民に自分の意を一〇〇％伝えてくれる夾雑物のないメディアととらえ、その考えを実行に移したのである。ただいうまでもなくそれは、佐藤の〝美しい誤解〟である。新聞と違い、テレビは偏向しないと佐藤は考えた。確かに生放送、生中継であれば、佐藤の表情や言葉はそのまま電波に乗って視聴者に届くと言えるかもしれない。しかし、そこにはここまで本書で再三ふれてきたテレビの自作自演性への意識が決定的に欠落している。テレビカメラは、自らがとらえる対象にそれほど親切ではない。むしろ隙あらば、それを冷たく突き放す。そうすることによって逆に、その対象を視聴者との一種の共犯関係によって笑いや感動の主役に仕立て上げることができるからである。このときの佐藤に、そうした自作自演的構図、テレビの隠し持つ〝悪意〟に自分が巻き込まれるかもしれないという自覚があったとは思えない。

拡張するテレビ空間

だがこの会見については、こうも言えるだろう。一九七〇年代は、どちらつかずの時期だった。テレビと視聴者の共犯関係はまだ成熟しきっておらず、佐藤のような〝美しい誤解〟がそれなりの信ぴょう性を得る余地は十分に残されていた、と。

そしてそのような〝美しい誤解〟は、「現場」信仰、すなわち視聴者とのあいだになにも挟まない現場の映像こそが至高とする考え方を推進する原動力にもなった。実際、この頃のテレビは、テクノロジーの急速な進歩に支えられながらこの世の隅々までを「現場」化することへとまい進し始める。

先ほどもふれたTBSの萩元晴彦、村木良彦、そして同じく今野勉らは、ベトナム戦争をめぐる報道方針をめぐって局の上層部と対立し、結局退社するにいたった。そして一九七〇年、日本初の独立系制作プロダクションであるテレビマンユニオンを設立する。そしてその第一歩であり礎となったのが、一九七〇年から始まっていまも続く旅番組『遠くへ行きたい』(日本テレビ系)である。

テレビマンユニオンにとってまず解決しなければならなかったのは機材の問題であった。自前のスタジオがないのはもちろん、撮影するにしても大型のテレビカメラしかないような時代だったからである。それでは制作プロダクションは思ったように番組を作ることができず、既存のテレビ局に対して圧倒的に不利な立場に置かれてしまう。

ところが、萩元らがテレビマンユニオンを設立したころに小型ハンディカメラが開発された。すなわち、全国をロケで歩き回る『遠くへ行きたい』のような番組の制作が可能になったのである(注：碓井広義『テレビが夢を見る日』、三四頁)。それは、スタジオ確保の問題も同時に解消してくれるものだった。

それに加えて番組制作の機動性を高めたのが、取材システムの電子化だった。「ENG(Electric News Gathering)」と呼ばれるこのシステムは、それまでフィルムによる撮影だったものを電子化した。それによって、編集作業や放送局への送信の手間が飛躍的に簡単になった。さらにそれをやはり技術的発展の進んでいた衛星中継のシステムと組み合わせれば、海外取材した映像もより素早く放送可能になる。

その絶大な効果がテレビ局によって実感されたのが、一九七五年の天皇訪米であった。昭和天皇初ということで大きな注目を集めたこの訪米の様子を、各局はENGと衛星中継を駆使して連日報道したのである（注：同書、三四—三五頁）。こうして、テレビにとって世界がすべて「現場」になりうること、「現場」は遍在することがひしひしと実感される時代が始まろうとしていた。

そしてそのようなテレビ空間の拡張は、地理的物理的なものにとどまらず、既存の番組ジャンル間の壁の破壊というかたちでも進んだ。

一九七六年には、ドキュメンタリーとドラマを合体させて歴史の真実に迫ろうとする番組が相次いだ。NHK特集の『シーメンス事件～検事小原直回顧録から～』は、大正時代に起きた有名な疑獄事件について担当検事の回想や資料に基づいて制作された、ドラマパートを交えて検証したドキュメンタリー。またテレビマンユニオン制作の『燃えよ！ダルマ大臣・高橋是清伝』（フジテレビ系）は、二・二六事件で暗殺された大蔵大臣・高橋是清を主人公にしたドキュメンタリードラマだった。

さらに、ドラマとバラエティが一体になったような番組も登場した。一九七七年放送のTBSドラマ『ムー』である。ディレクターの久世光彦は、それ以前から『時間ですよ』などでドラマのなかにコントを毎回挟むなどバラエティ色を積極的に取り入れていたが、この『ムー』ではそれをさらに進め、ドラマは収録が当たり前の時代にあえて生放送にしてハプニングを狙うことを試みたりした。ドキュメンタリードラマがドラマパートによって歴史の「現場」を映像化しようとしたものだとするなら、こちらはドラマの世界を生放送によって「現場」化しようとするものだった。

こうしてテレビは、地理的な壁だけでなくジャンルの壁も超えてあらゆる場面に「現場」を出現させることにエネルギーを注ぐようになった。そこでは、「現場」が私たちの世界を覆いつくすほど広がり、すべてがテレビのなかに閉じ込められていくかのような光景が繰り広げられた。

だが実際は、その本質は先ほども書いたようにテレビと社会のあいだの反転する入れ子的な関係性であり、「現場」がどれだけ広がろうとも、完全になにもかもがテレビに呑み込まれてしまうことはない。むしろテレビはいつも「外側」の現実を必要としていて、それを呑み込もうとすること、そして時にはそれに挫折することでテレビに欠かせない意外性の魅力を保ち続けていられるのである。

要するに、テレビと現実の境界も常に揺れ動いている。だから誰かの手によってその境界はいつもこまめに確認されなければならない。言い方を換えれば、「社会はテレビである」ことを自己確認する作業、テレビと社会のずれを絶えず調整する作業の担い手が必要になる。

私たちはそれを「仕切る」という言葉でいつしか表現するようになった。テレビにおける「仕切り」役である司会者がこなさなければならないのは、実はとても複雑な作業である。ただ単にきちんと台本通り進行すればよいというわけではない。「現場」に起こるハプニングに戸惑い、時には自らハプニングを引き起こすという、それこそ自作自演的な振る舞いを要求される。そしてそのうえで、最終的には番組というまとまりを無事に成立させる。それができる司会者こそがスターになれるのである。

一九七〇年代後半は、次に見るようにそのような司会者が続々登場した時期であった。

3　仕切りの作法——久米宏と関口宏が示したもの

「情報」というマジックワード

いったん時計の針を戻せば、テレビ草創期以来数多くの人気司会者が生まれてきた。なかでも主力を担ってきたのは、NHKのアナウンサーである。台本の予定通りに番組を進行するには、しかるべき訓練と経験を積んだアナウンサーが適任だった。たとえば、『NHK紅白歌合戦』の白組司会にNHKアナウンサーが長年起用されたのは、長時間の生放送を予定通りに終わらせるために進行しながら時間調整もできる熟達した司会者が必要だったからである。

だが、その『紅白』の司会を誰がやるかが毎年大きな話題になるように、司会者は単なる進行係ではなく番組の顔でもある。通常のレギュラー番組となれば、週に一度、場合によっては毎日視聴者が顔を見る存在が司会者である。言い方を換えれば、日常生活に入り込むメディアであるテレビを体現する存在が、司会者にほかならない。だから自然の流れとして、視聴者は司会者に親しみやすさを求めるようになる。司会者も、ただ生真面目に進行するだけでなく人間味を出すことが必要になる。

高橋圭三、宮田輝、木島則夫、小川宏。彼らはみな、NHKのアナウンサーとして人気司会者であったひとたちだ。高橋圭三と宮田輝は、『紅白』の司会の常連であり、木島則夫と小川宏はフリーに転身して民放のワイドショーの司会者となった。「泣きの木島」をはじめとして、他の三人も明るさやユーモア、飄々とした持ち味などそれぞれの個性と親しみやすさで人気者になった。

確かな進行のスキルと人間味あふれる個性。そうした人気司会者の条件は、ある意味いつの時代も変わらないものだろう。しかし一九七〇年代になると、もう一方で司会者に求められるものはそれだけではなくなった。司会者はオールマイティになんでもこなさなければならなくなったのである。

先ほど番組ジャンルのボーダーレス化が一九七〇年代に進んだことを述べたが、それでも報道は聖域のままだった。他の番組ジャンル間では境界があいまいになり、ジャンル相互の乗り入れが活発になり始めても、ニュースはその埒外だった。〝真面目〟な報道に対し、〝不真面目〟な娯楽番組は水と油の関係で交わるはずがないという常識がきわめて根強かったのである。

その手強い常識を崩したのが、「情報」というワードだった。硬軟関係なく世に起こる出来事はすべて価値ある「情報」であると見なすことで、すべての事象を並列して扱うことが可能になったのである。先述したハンディカメラや中継技術の進歩、それにともなうテレビ空間の拡張、「現場」の遍在が、「情報」的世界観に説得力を持たせた。その結果、「情報」はいつどこでもなんにでも使えるマジックワードになった。報道と娯楽のあいだにあった強固な壁にも風穴が開き始めたのである。

『ズームイン!!朝!』と徳光和夫

そんなテレビ特有の「情報」化の始まりを告げたのが、一九七九年日本テレビでスタートした

『ズームイン!!朝!』(以下、『ズームイン』と表記)である。

当時民放の朝の時間帯は、芸能ゴシップや事件・事故を大々的に扱うワイドショーが全盛だった。また同じくニュース番組に関しては、前日のニュースを編集し直して放送する程度にとどまっていた。

そこで立ち上げスタッフがまったく新しい朝の番組として考えたのが、日本全国の朝を生中継でつなぐ番組だった。当時盛んに言われていた「地方の時代」というフレーズにも触発されたスタッフは、なんでも東京中心になっている番組づくりに疑問を抱いたのである(注:齋藤太朗『ディレクターにズームイン!!』、一七一一八頁)。

こうして、「日本の朝の同じ時間を共有する」という番組のコンセプトが定まった(注:同書、一六頁)。それを実際に具体化したのが、オープニングで全国各地のアナウンサーが大きな温度計を見ながらその地方の天気予報をリレーしていくオープニングであり、前夜のプロ野球の結果を振り返りながらご当地球団の応援合戦を繰り広げる「プロ野球いれコミ情報」であった。要するに、日本の朝がひとつの「現場」になったのである。

番組の看板コーナーになった「ウィッキーさんのワンポイント英会話」もまた、そうした朝の「現場」化を示すものだった。日本に居住するスリランカ人である「ウィッキーさん」が生中継で駅の近くなどに予告なしに現れ、通勤や通学のひとたちにいきなり英語で話しかけ、即席の英会話レッスンを行う。なかには堂々と英語で受け答えするひともいるが、急いでいたり、テレビに映るのが恥ずかしかったりして早足に遠ざかろうとするひとも少なくない。それでもウィッキーさんは、可能な限り追いかけて英語で会話をしようとする。その様子はまるで鬼ごっこのようでもある。

ここには「情報」という言葉に含まれる自作自演性がわかりやすく示されている。時間の余裕のあるひとに話しかけるならまだしも仕事や学校に急ぐひとにわざわざ話しかければ、当然かなりの確率で〝拒否〟されることが予想できるはずだ。だが実際にそうされたとき、それは予想外の〝ハプニング〟として画面に映し出される。『木島則夫モーニングショー』がそうだったように、意外性が蓋然的に演出されているのである。「情報」は、そのような自作自演的イベント性と表裏一体の関係にある。

そんな「情報」番組の元祖的番組の司会を務めたのが、当時まだ日本テレビの局アナだった徳光和夫である。

一九六三年に入社した徳光は、スポーツアナウンサーとしてプロレス実況を担当した。徳光によれば、当時プロレスは力道山もいなくなり低迷期。元々長嶋茂雄に憧れプロ野球の実況担当を熱望していた徳光にとって、「プロレスに行け！」という命令はショックの一言だった（注：徳光和夫『企業内自由人のすすめ』、一一三頁）。

だが実際にやってみて、徳光はプロレス実況の面白さを知っていく。プロレスというスポーツの性質に合わせてちょっと大げさなくらいの過激な言葉遣いをあえて散りばめたりすることを覚え、そのうち徳光の実況は評判を呼ぶようになった（注：同書、一一四—一一七頁）。

そんな徳光和夫に大きな転機が訪れる。同じ日本テレビの人気バラエティ『金曜10時！うわさのチャンネル!!』（一九七三年放送開始）に出演したスーツ姿の徳光は、当時の人気外国人覆面レスラーであるザ・デストロイヤーに必殺技・4の字固めをかけられ、しかもそれを自ら実況させられた。最初はいつものように実況していた徳光だが、そのうち痛さに耐えきれなくなって「おい、デス、やめろよ」と絶叫しながら悶絶してしまう。そのアナウンサーらしからぬ姿が話題になり、バラエティ出演も増えていった。

この場面は、後の『ズームイン』における徳光の役割に通じるものがある。それは、客観的視点を保ちながらも一種の当事者だということである。ニュースを読み進行役を務めつつ、司会者でありながら「プロ野球いれコミ情報」では贔屓球団の巨人のことで感情むき出しになる徳光の後の姿を、この〝プロレス実況〟は先取りしていたように見える。

そもそも実況という行為にも、似たような面があるだろう。実況には、現場を客観的に描写すると同時にその現場に対して積極的に関与する側面がある。やはり自作自演的なのだ。

その点、徳光が実況アナとして最初に携わったのがプロレスであったのはやはり示唆的である。プロレス実況のアナウンサーは、時には場外乱闘に巻き込まれ、その自分の姿を実況する。『金曜10時!うわさのチャンネル!!』での先述の場面は、それをバラエティ的に再現したものだ。そして一九七〇年代の終わり、それまで報道番組とはまったく無縁だった徳光和夫が『ズームイン』の司会に抜擢されたとき、テレビは世の中すべてを「情報」源と見なし、プロレス実況のように扱うことをひっそりと宣言したのである。

関口宏の〝肘〟

もう一方で、アナウンサーではなく異分野出身の人物がテレビ司会者として成功するケースもテレビ史上少なくない。

代表的なのは、俳優が司会者になるケースだろう。よくあるのはクイズ番組の司会で、『クイズタイムショック』（テレビ朝日系）の田宮二郎などは覚えているひとも多いはずだ。また『パネルクイズアタック25』（テレビ朝日系）の児玉清、谷原章介も同様である。そうした場合、アドリブ部分が少ないのも俳優にとっては好都合だろう。クイズ番組の多くは、ルールに則ってきっちり進行することが最優先される。そのなかで端正なたたずまいの俳優は司会者として座りがいい。

ところが一九七〇年代の終わり、異色の俳優出身司会者が登場する。

関口宏は、いまでは『サンデーモーニング』（TBSテレビ系）などの司会者としてのイメージしかないが、元々は父親が有名俳優の佐野周二で、自身も映画・テレビで活躍する人気俳優だった。ただ一九七〇年代になるとトーク番組『スター千一夜』（フジテレビ系）の司会を務めるなど、徐々に司会業へと仕事の重心を移していった。

その流れのなかで、〝司会者・関口宏〟のイメージを決定づけたのが、一九七九年に始まった『クイズ100人に聞きました』（TBSテレビ系）（以下、『クイズ100人』と表記）である。この番組の成功をきっかけに、一九八〇年代以降関口は司会者業に専念するようになっていく。

タイトルの通り、『クイズ100人』はクイズ番組だ。その意味では、先述した「俳優＝司会者」のパターン通りだとも言える。しかし、この番組、そして関口の司会ぶりには、従来とは本質的に異なる面があった。

まず、『クイズ100人』は、知識を問うクイズではなかった。それまでのクイズ番組は、教科書的知識を問う問題に対していかに早く正解するかを競うのが基本だった。だが『クイズ100人』はそうではなかった。この番組に登場する二組の一般視聴者チームが当てなければならないのは、ある問いに対して100人が答えたアンケートの結果だったからである。

たとえば、「東京のOL100人に聞きました。いま一番欲しいものはなに?」というアンケートがあったとする。それに対し解答者は、いまの時代に東京でOLをしている女性が欲しいと思っていそうなものはなにかを推測し、多いと予想した回答を上から順に当てる。

要するにそれは、知識ではなく先ほどから述べている「情報」を問うクイズである。この場合、アンケートの対象になるのも一般人なら、答えるのも一般人である。そんな一般人にとっての暮らしの〝常識〟が問われることになる。もちろんその〝常識〟は、時代とともに移り変わるだろう。OLが欲しいものは永劫不変なわけではなく、たとえば高度経済成長期とバブル期ではまったく違っているに違いない。その意味においてこのクイズは、〝正解のないクイズ〟である。言い方を換えれば、いつも流動的に変化している「情報」をある瞬間においてとらえたクイズである。

では、そんな風変わりなクイズの司会者は、どう振る舞うのがよいのか? 関口宏の出した答えは、「情報」の流れに身を任せる、というものだった。

教科書的知識を問うクイズにおいて、司会者はいわば神のポジションにいる。なぜなら、その場で唯一前もって正解を知る立場にあるからだ。もちろん、元々博識である必要はない。あくまで番組内のポジションが司会者を神にしているのだ。逆に言うと、神としての司会者は自信に満ち溢れた姿を役としてきっちり演じなければならない。クイズ番組の司会者に俳優が昔から重宝された理由の一端はそんなところにもあるのだろう。

ところが、関口宏は違っていた。

『クイズ100人』で話題を呼んだのが、関口宏の〝肘〟である。一般視聴者チームそれぞれの前には、腰の高さくらいの台がある。そこでよく関口は、身体を斜めにして肘をついて問題を読んだり、解答者が答えるのを待ったりしていた。しかもそんな際にもだいたい真顔で、特に感情を表に出すというわけでもなかった。

それは、クイズ番組の司会者はいつもピンと背筋を伸ばし、特に緊張しがちな一般人が解答者のときは優しく微笑んでリラックスさせるようにするものだ、といった従来のイメージからは大きくかけ離れたものだった。その様子は、見方によっては「やる気がない」とさえ受け取られかねないようなものだった。

ただ、先ほど述べた『クイズ100人』というクイズ番組の本質を踏まえれば、この関口宏の司会スタイルには、ある種の必然性があった。

実際、関口宏は、スタジオの大きなパネルに正解が表示されると自分の予想が外れたのか意外な表情を見せることもあった。すなわち、教科書的知識を問うクイズ番組と違い、問題を出す立場でありながら正解（の順番）を把握していないようでもあった。だから、関口の司会者としての解答者に対する優位さは、その印象においてもどこまでも相対的なものなのだった。

結局のところ、この『クイズ100人』において、司会者の関口宏は解答者と同じ目線の高さにいる存在である。だからそこで余裕のある神のような態度をとれば、滑稽なものになってしまうだけだろう。むしろ脱力感を醸し出し、解答者といっしょにアンケート結果を見て「へぇー」「なるほど」などといかにもフラットにくつろいで楽しむ態度がふさわしいのだ。

『ぴったし カン・カン』と久米宏

もうひとり、やはりクイズ番組の司会が飛躍のきっかけになったのが、ＴＢＳの局アナだった久米宏である。

その番組とは、一九七五年開始の『ぴったし カン・カン』（ＴＢＳテレビ系）（以下、『ぴったし』と表記）。この番組は、毎回ひとりの芸能人をゲストに迎え、そのひとにまつわる私生活や仕事でのエピソードがクイズとして出題される。答えるのは、こちらも『クイズ100人』と同様応募してきた一般視聴者チームで、そのチームが芸能人チームと対抗形式で争うというものであった。そこに各チームのキャプテンとしてレギュラー出演していたのが、萩本欽一と坂上二郎のコント55号である。ここでまたもや萩本の名が登場するが、それについてはまた後でふれよう。

まず言えるのは、『クイズ100人』と同様、こちらも従来のクイズ番組の基準に照らせば〝正解のないクイズ〟だということである。出題される芸能人のエピソードは、当然その人にしか当てはまらないような特殊なものである。解答者は、そのひとについての断片的なイメージや知識から答えを推測するしかない。

だが『ぴったし』の場合、そんな不確かさ自体が番組を面白くする要因になった。

実はこの番組でより重視されるのは、正解することではなくテンポよく〝間違う〟ことである。解答者となった二つのチームは、手探り状態で思いついた答えをとにかく間を置かずにどんどん言い続ける。どちらかと言えば、この場合正解はたまたま当たってしまうものにすぎない。むしろ、延々と続く誤答こそが番組の大きな魅力になっていた。

そこには、萩本欽一のアイデアがあった。

「古今東西」（最近の言い方だと「山手線ゲーム」）というゲームがある。たとえば、「古今東西、花の名前！」と誰かが言ったら間髪入れず花の名前を言っていき、出てこなかったり詰まったりしたら負けというゲームである。『ぴったし』が誕生したきっかけは、萩本欽一が番組プロデューサーに向けて放った「このゲーム（引用者注：「古今東西」のこと）を番組に生かしたら面白いんじゃない？」のひと言だった（注：萩本欽一『欽ちゃんつんのめり』、二一六頁）。

ここにも、先述したような萩本欽一ならではの「素人」を追い込むことで意外性の面白さを引き出す手法がうかがえる。間を開けてはいけないというプレッシャーのなか、なにかを言わなければならなくなった「素人」の解答者は、時々とんでもない変なことを言ったり、逆にまぐれ当たりで正解して自分にびっくりしたりする。そして見ている視聴者も、いつしかその緊張感と高揚感のなかに巻き込まれていく。

司会の久米宏も、萩本欽一が狙ったこうした演出に大いに一役買っていた。後年萩本は、「『ぴったしカン・カン』ではね、久米さんのテンポが好きだったの」と言ったという。久米自身の解説によれば、「司会者の僕（注：久米のこと）は、それぞれの回答に「惜しい！」とか「××じゃなーい！」と叫び、チーンとベルを鳴らして次の人に解答させる。その繰り返しが番組に一つのリズムを与え」た（注：久米宏『久米宏です。ニュースステーションはザ・ベストテンだった』、七二頁）。それは、〝誤答のリレー〟への絶妙の合いの手になっていたのである。

『ザ・ベストテン』へ

さらに久米宏は、こうしたコント55号との共演を通じて、テレビではどう振る舞うべきかについて大きなヒントを得たと述懐している。

それまで久米は永六輔のラジオ番組のレポーターとして実績を積み、人気も出たところでテレビ番組も担当するようになっていた。ところが、出演した番組はことごとく不振続きで、「番組つぶしの久米」と揶揄されるようにさえなっていた。

そんな暗中模索のなかにあった久米にとって、『ぴったし』は初めて大ヒットした番組だった。その理由を久米自身、次のように分析する。

まず、「テレビはしゃべらなくても、映っているだけで成立する」のだということ。ラジオからテレビに行った久米は、すべてを言葉で逐一説明しようとする癖が身についてしまっていた。だがコント55号の二人は、まったく違っていた。坂上二郎などは、「同じ30分間、テレビに出ていても一度もまともにしゃべらないときがある。「ひーっ」とか「きーっ」とか「ケケケ」という叫び声、笑い声をあげるだけで終わる。それでも番組はなんの支障もなく進行していた」。それに気づいて以来、久米は、しゃべる量を極端に減らすようになった(注:同書、六八頁)。

もうひとつは、テレビの面白さは素の表情にあるのだということ。萩本欽一は、本番だからといって、話し方や顔つきを変えることはない。それは久米にとって「驚きの発見」だった。また素の表情の魅力は、番組が「生(なま)」であることによって引き出されるものであることも久米は気づかされた。『ぴったし』は、生と収録が半々だったが、萩本の意向で収録の場合も編集しないで放送していた。そうした「生」の状況のなかで、特に一般視聴者の出演者は緊張や興奮のあまり、思いもよらぬ言葉を口走ったり、顔を真っ赤にしてしまったりする。それが逆に人気を呼んだ(注:同書、七〇―七一頁)。

以上の久米の話を本書の言い方で表現するならば、要するにそれは、スタジオもまた「情報」の「現場」だということである。「情報」は、テレビの外側の現実のなかにのみあるのではない。坂上二郎や一般視聴者がそうだったように、スタジオでの出演者たちの一挙手一投足もまた立派な「情報」

になり得る。

その後久米が司会者として関わった多くの人気番組を見ても、『ぴったし』で得た感触がたいせつな土台になっていたのは明らかだ。久米が司会を務めた番組は、ジャンルを問わず〝「情報」番組〟の様相を帯びるようになっていた。

一九七八年、久米が黒柳徹子とともに司会を務める音楽番組『ザ・ベストテン』（ＴＢＳテレビ系）が始まった。この番組が画期的だったのは、厳格なランキング方式をとったことである。テレビ局側のキャスティングによらず、レコード売上や視聴者からのリクエスト葉書の枚数などのデータの集計の結果10位以内に入った歌手だけが番組に出演できる。いわばそれは、音楽番組の「情報」番組化と言えた。

この番組もやはり生放送であった。放送時間は約1時間と決まっている。そのあいだに第10位から第1位まで、その週にベストテン入りした曲をすべて紹介しなければならない。極端に言えば、1位の曲を紹介する時間がなくなったのでは元も子もない。そこに司会者の腕が問われることになる。

だが、この番組での司会者の役割は、そのような時間調整だけではない。順位ももちろんだが、生放送の番組中に起こるさまざまな出来事もまた、『ぴったし』同様「情報」である。それを見逃さず拾い、実況者として伝えるのも司会者にとって劣らず重要な役割となる。

『ザ・ベストテン』では、突飛にも思える演出も少なくなかった。しっとりとした歌のバックで全身白塗りの前衛舞踏が繰り広げられてみたり、ふんどし姿の男性たちが大挙登場してみたり。ほかにも、演出で出されたチンパンジーの子どもが予想外の動きをして足を触られた歌手の杏里が笑って歌えなくなったということもあった（注：別冊ザテレビジョン『ザ・ベストテン～蘇る80'sポップスＨＩＴストーリー』、一二一頁）。

こうした予期せぬハプニングを単なる失敗と見なすのではなく、それをテレビならではの楽しめる「情報」として拾い、話題にすることも司会者としての役割だった。時には久米自身が、そんな「情報」の発信源となる。司会の相方の黒柳徹子のヘアスタイルを指して「玉ねぎおばさん」と〝実況〟したのもその一例だ。

一九七〇年代からは離れるが、こうして久米が会得した司会術の集大成が一九八五年に始まったテレビ朝日『ニュースステーション』である。キャスターではなく司会者。久米はこの番組での自分をそう位置づけていた。著書のなかで、アメリカのＣＮＮのインタビューに対して「私はエンターティナーであり、コメディアンであり、ＭＣだ」と答えて驚かれたというエピソードを披露している（注：久米、前掲書、二六二頁）。それは、『ズームイン』における徳光和夫の立ち位置とも通じ合っている。まさに夜の報道番組が「情報」番組へと完全に脱皮した瞬間であった。

〝参加〟の広がりが意味するもの

先述した関口宏と比べると、久米宏の司会ははるかにアグレッシブだ。目を見張るような早口で淀みなく番組を進行し、かつ共演者が答えにくい質問でも遠慮会釈なくぶつけてその場を盛り上げていくテクニックには舌を巻く。

そのスタイルは、一九六〇年代に放送作家からタレントとなり、「野球は巨人、司会は巨泉」のキャッチフレーズを掲げて『11PM』（日本テレビ系、一九六五年放送開始）をはじめ数々の人気番組の司会を務めた大橋巨泉に近い。大橋もまた、番組を盛り上げるために「自らが憎まれ役となって」出演者に「バシバシつっこむ策」を取り、その基本方針を終始貫いた（注：大橋巨泉『ゲバゲバ70年』、一九一頁）。

とは言え、関口宏と久米宏の間に本質的な違いはない。関口もテレビの本質は「生」であり、それゆえ起こる「ハプニング」だと考えている（注：関口宏『テレビ屋独白』、文藝春秋）。

関口が司会業を始めたばかりの頃、こんなことがあったと言う。先ほどもあげた『スター千一夜』（フジテレビ系）という、芸能人のゲストが登場する生放送のインタビュー番組でのこと。放送開始直前に、そのとき世間を騒がせていた「よど号ハイジャック事件」の人質解放という大ニュースが飛び込んできた。しかし、まだ生放送の司会に不慣れな関口はどうしていいかわからずにいた。そのとき、たまたまその日のゲストだった前田武彦がいとも鮮やかに関口の代わりをこなしてくれた（注：同書、四一―四二頁）。

前田は、永六輔、大橋巨泉、青島幸男らとともにテレビの草創期に活躍した放送作家出身のタレントである。彼らは放送作家としての経験を生かし、生放送時に起こるハプニングにもその場ですぐさま対応する術をよく心得ていた。関口宏はその能力を「瞬間構成力」（注：同書、四〇頁）と呼ぶ。彼らは目の前で起こった出来事を瞬時に言語化して適切に伝える力に総じて長けていた。永六輔のラジオ生番組のリポーターとして経験を積んだ久米宏もまた、同様の能力を身につけていたと言えるだろう。

そして、最初は「生」での「ハプニング」の洗礼を受けた関口宏も、徐々に「瞬間構成力」を磨いていった。関口によれば、先行きの分からなさという点で、クイズ番組もまた「ハプニング」をベースにしている（注：同書、六五頁）。そのクイズ番組である『クイズ100人』で、彼流のスタイルは見事に開花した。

アナウンサーとして訓練を受けたわけではない関口は、放送作家出身のタレントや久米宏のように〝言葉のひと〟ではない。だが俳優であった彼は、役としてその場に溶け込む能力は人一倍高かった。だから肘をつく仕草もまた、計算ではなかったとしても〝演技〟としてきわめて効果的なものだった。視聴者は、関口のそんな仕草に自然に目を奪われ、そのうちいつ肘をつくのかを楽しみに待ち構えるようにさえなった。そうして「情報」の流れに自ら身を委ねつつ静かにその場をコントロールすることが、彼ならではの司会術、仕切りの流儀になったのだ。自分は多くを語らず、それでも司会者としての存在感を醸し出す独自のスタイルは、いうまでもなく『サンデーモーニング』にもそのまま受け継がれている。

結局、久米宏と関口宏という、偶然同じ名前を持つ二人のスター司会者が誕生した事実を見ても、一九七〇年代は、テレビの自作自演をただ傍観しているのではなく、そこに意識的に参加する人々の範囲がぐんと広がった時期だった。その象徴となるのが、本章でここまでふれてきた視聴者参加番組の隆盛であり、久米や関口のような「情報」を「仕切る」司会者の登場であった。要するに、それまではそうではなかったはずの人々が続々と演者化し始めたのである。

しかし、その自作自演的空間にはっきりとは参加していない人々が、まだ少なからずいた。それは、大部分の視聴者である。大多数の視聴者は、この時期まだテレビをただ見ている側だった。もちろんテレビを見て泣いたり笑ったりすることはあった。だがそれだけでは、本章で述べてきたような意味で参加しているとは言い難い。テレビの自作自演に得も言われぬ魅力を感じ取り、そのプロセスのなかで視聴者として一定の役割を自覚的に果たさなければ、そうとは言えない。

それは、かなりハードルの高い条件に見える。テレビを見る行為が果たして〝参加〟と言えるのか？　実際、どうすればそう言えるのか？　だが一九八〇年代は、それを可能にした。テレビを見ること自体が〝参加〟になるような「テレビ社会」が加速し、膨張していった。章を改めて、その特異な熱狂の経緯をたどることにしよう。

第3章　「祭り」と視聴者のあいだ──一九八〇～一九九〇年代の高揚

1　昂進する自作自演──実況とNG

ここで改めて、テレビとプロレスの関係に注目してみたい。

草創期のテレビ人気をプロレス中継が支えただけでなく、テレビが自作自演的なものであることを視聴者に感覚的にわからせるうえでプロレスの存在が大きかったのではないかと第1章で書いた。また前章では、一九七〇年代末、プロレス実況で鍛えた日本テレビアナウンサー・徳光和夫が朝の「情報番組」である『ズームイン』の司会として成功したことを述べた。

それによって、テレビのプロレス化、すなわち世間のあらゆる出来事をプロレス的に見る傾向が進んだという見方ができるはずだ。言い方を換えれば、テレビが世の中全体と自作自演的に関わるための下準備が一九七〇年代の終わりには整いつつあった。

これから述べていくように、一九八〇年代とは、そのようなテレビの自作自演性がほかに代えがたい快楽としてついに認知されるとともに、その快楽の共有範囲が社会の隅々にまで広がっていった時代である。名実ともに「社会はテレビである」となった時代、それが一九八〇年代だった。

古舘伊知郎の登場

その始まりを象徴するひとりが、徳光和夫が『ズームイン』の司会になった頃プロレス実況の世界にすい星のごとく現れた古舘伊知郎である。

古舘は一九七七年にテレビ朝日に入社、すぐにプロレス中継に配属された。当時のテレビ朝日のプロレス中継の主役はアントニオ猪木。そのプロレスは、「ストロングスタイル」の真剣勝負を標榜し、オリンピック金メダルの柔道家、ウィレム・ルスカのようなプロレス以外の格闘家との異種格闘技戦に積極的に取り組むなど、従来のプロレスの枠をはみ出す過激路線を走るものだった。

古舘伊知郎の実況も、そんな路線に呼応するなかで作り上げられた。アントニオ猪木への「燃える闘魂」、巨大な体躯のレスラー、アンドレ・ザ・ジャイアントへの「人間山脈」など自ら考案したプロレスラーのキャッチフレーズを散りばめる一方、「おーーーっと！」のような印象的な間投詞を独特の抑揚をつけて随所に盛り込んだ。

その結果古舘の実況は、試合を描写するというよりも、試合そのものを構成する不可欠な一部にまでなった。古舘自身が興奮して前のめりになるあまり、実際に技が出る前に「ここで○○だー！」とフライング気味に必殺技の名前を叫ぶと、それが聞こえたリング上のレスラーがその技を繰り出したという、嘘のようなエピソードもあったほどだ。

こうして古舘伊知郎は、実況をひとつの自立した芸、パフォーマンスの域にまで引き上げた。プロレスと並んで人気を博した彼のＦ１実況もそうだった。Ｆ１の場合、レース中はヘルメットなどでドライバーの表情が見えない。だから古舘の実況はいっそう自由に飛躍することを許され、独自の世界を構築した面があった。実況は、その過剰とも言える自己主張によって、試合やレースそのものと同等の、時にはそれに拮抗する主役の座についたのである。

新聞記事を実況する

そんな古舘伊知郎だが、実は彼も徳光和夫と同様、朝の情報番組に携わったことがある。

一九八一年にスタートした『おはようテレビ朝日』という番組があった。そのなかの一コーナーとして始まり、人気を博したのが「やじうま新聞」である。ボードに貼り付けられた各紙朝刊の記事をアナウンサーがただ読んでいくという番組。いまでこそ各局の朝の情報番組で見慣れた光景だが、その草分け的存在がこの番組だった。そのとき記事の読み手として、同期入社で同じくスポーツ実況の担当だった吉澤一彦とともに起用されたのが、古舘伊知郎だった。

吉澤と古舘に対し、当時のプロデューサーは、「新聞記事を実況するんだよ」と説明したと言う。しかし、二人は困惑した。なぜなら、スポーツ実況がそうであるように、実況とは基本的に対象が動いていなければ成立しないものだからである。ところが、新聞記事は当然まったく動かない。それをどう実況せよと言うのか？　この無理難題に、二人は試行錯誤を繰り返すことになった（注：吉澤一彦『やじうま日記』、八―九頁）。

その結果二人がたどり着いた答えは、「写真の情景描写」だった。当然写真に写っているものも動くわけではない。だがそれならば、実況するこちら側の視点を移動させ、写真の被写体、その背景と交互に焦点を変えたりすることで実況に臨場感をもたらすことができる。二人はそう考えたのである（注：同書、九一―一〇頁）。

同様の手法は、一九七〇年代後半から一九八〇年代前半の人気番組『テレビ三面記事 ウィークエンダー』（日本テレビ系）でもあった。この番組は、新聞の三面記事に載るような下世話な事件をリポーターがスタジオで面白おかしく講談調で伝えるものだった。その際リポーターは、やはり犯人の顔写真や現場の写真などの写真を素材にしてまるでその場にいたかのように〝実況〟していた。NHKのディレクターとして『電子立国・日本の自叙伝』など数多くのドキュメンタリーを手がけた相田洋は、この『ウィークエンダー』をテレビ史上重要な番組と評価し、同時期に始まった「NHK特集」（現在の「NHKスペシャル」）の番組を自分が作るような場合にも「首から上の『ウィークエンダー』」を目指したと述懐している（相田洋『ドキュメンタリー　私の現場』、一九一―一九三頁）。

要するに、写真は〝世界に向けて開かれた窓〟のようなものである。そこに注目することによって、活字となった記事は生きたテレビ的「情報」になる。動かない写真を視点の移動ひとつで動かしてみせる実況は、やはり紛れもなく芸である。そしてその芸によって、まったく動かない新聞記事に生命を吹き込む「やじうま新聞」の吉澤一彦と古舘伊知郎の画面に映る姿もまた、視聴者にとってテレビ的な「情報」の欠かせない一部になっている。ここでも久米宏や関口宏と同様、司会者は演者になったのである。

その後、古舘は「やじうま新聞」の担当を離れることになったが、吉澤は、好評を受けて時間拡大され、番組として独立した『やじうまワイド』（一九八七）のメイン司会者の座に就いた。そしてそこでも吉澤は、単なる進行役以上の役目を引き受けた演者としてのスタンスを変えなかった。

番組には台本がなく、大まかな進行表があるだけだった。それだけならまだしも、本番中に読む予定の記事の切り抜きには、特にアンダーラインが引いてあるわけではなかった。どの部分を読むのかを、吉澤は瞬時の判断で決めていた。そのときの吉澤には、「記事自体が読んで欲しいところを訴えているような気」がしたという（注：同書、一七頁）。

また、記事の解説役で出演する評論家たちとの打ち合わせ、コメントの事前確認もしなかった。だから吉澤は、各評論家のコメントを本番中に初めて聞き、臨機応変に対処することを求められる。当時、アナウンサーの役割は「額縁」だと言われていた。「司会者は自ら意見を発することは慎み聞き役に徹するべし」ということをそう表現していたのである。だが吉澤は、率直に疑問をぶつけ、異論を唱え、時には挑発めいた意見もぶつけた。番組全体のトーンが偏らないようバランスを取るための振る舞いだったが、そのときの吉澤もまた、紛れもなく「情報」の流れを「仕切る」演者と化していた（注：同書、一九―二一頁）。

テクニックとしての「ノリ」

こうして一九八〇年代に入り、自作自演は昂進した。テレビの自作自演は熱気を帯びるとともに、さらに拡大を見せた。

それは平たく言うなら、この頃テレビに出る演者にとって「ノリ」が重要なテクニックになったということである。

〝テクニック〟という表現に違和感を覚えるひともいるかもしれない。「ノリ」という言葉から受ける印象は、なにも考えないでその場の雰囲気に身を任せてバカ騒ぎするというようなものだからである。しかし、ことテレビに関して言えば、「ノリ」はテクニックである。なにも考えないように見えて、裏には冷静な状況判断がある。その巧拙が、テレビのなかで頭角を現せるか否かの分かれ目になる。

たとえば、徳光和夫は、古舘伊知郎のプロレス実況についてこんな分析をしている。

徳光以前の実況は「あくまで試合を中継することに徹して、むやみに興奮することもない」ものだった。そこで彼が新しく考えたのは、プロレスを大きく扱う新聞として当時から有名だった「東京スポーツ」の過激な見出しを借用して、それを実況のなかに散りばめることだった。それが評判を呼び、徳光は注目されるようになった（注：徳光、前掲書、一一四―一一五頁）。

そんな徳光和夫から見て、古舘伊知郎のプロレス実況は、徳光のスタイルをさらに過激にし、ひとひねり加えたものである。古舘もまた、実況で使うフレーズを他から拾ってきていた。ただ基にしたのは「東京スポーツ」のようなプロレスに近いものではなく、一見対極にある女性誌の「an·an」や「nonno」のフレーズだった。「いかにも女性っぽい美しい言葉を荒々しいプロレス用語にくっつけてしまう。するとそこに意外な効果が生まれる」（注：同書、一一五頁）。そこに徳光は、古舘の才を見る。

まさに、古舘の実況の「ノリ」は、周到に準備され、計算されたものだったことになる。「おーーっと！」のような絶叫口調だけでなく、「まさしくプロレスは現代の爛熟の世に咲いた、まさしく現代のロマネスクであります」といった華麗な形容をいかにもハマりそうな場面でとっさに出てきたもののように繰り出す。そこにテクニックが大いに発揮されるのである。

バラエティの世界でこの計算された「ノリ」を最もよく体現した一組がとんねるずである。テレビの素人参加コーナーにたびたび出てものまねやパロディネタを披露していたとんねるずの二人は、プロの芸人になっても以前からのスタイル、すなわち仲間内の人気者がクラスや部室で先生や友人、芸能人のものまねをやって笑いをとるような「ノリ」重視のスタイルを貫いた。

一九八〇年代初頭のオーディション番組『お笑いスター誕生！』（日本テレビ系）で注目を浴びた二人は、次第に若者中心にカリスマ的人気を集めるようになる。『オールナイトフジ』『夕やけニャンニャン』（いずれもフジテレビ系）で、段取りを無視するように女子大生やアイドルを相手に自由気ままに暴れ回る姿は、若者のあいだに一種の憧れをかきたてたのである。後々語り草にもなった、『オールナイトフジ』で「一気！」という曲を歌いながら勢い余ってテレビカメラを引き倒し、壊してしまったエピソードは、まさに彼らがその当時体現していた「ノリ」を物語る。

ただ、そこにも計算は感じられた。ヒット曲を連発して歌手としても音楽番組によく出演した彼らは、演出上決められた立ち位置を無視してセットの小道具などを勝手に持ってきたりした。しかしそんなときにも最後は立ち位置に戻り、ちゃんと所定の時間内に歌い終わる。つまり、逸脱をアピールしつつも最終的にはルールを順守していた。その見せ方においてとんねるずはずば抜けて洗練されていた。

失敗ではなく「NG」

とんねるずは、スタッフネタも得意にしていた。番組のプロデューサー、ディレクター、カメラマンなどスタッフを「○○ちゃん」などと愛称で呼び、その言動やしぐさを自ら真似たりしながら笑いにするパターンである。そうした裏側をあえて晒す行為も、「ノリ」の表現の一環だったと言えるだろう。

一九八〇年代は、そのように裏側を見せることがテレビの娯楽の一部として認められるようになった点でも記憶される。たとえば、「NG」のコンテンツ化がそれだ。

一九八〇年開始の学園コメディドラマ『翔んだカップル』(フジテレビ系)では、毎回最後にNG集が流された。それまでいまのように「NGを見て楽しむ」という習慣は存在していなかった。とりわけドラマは完成されたバージョンのみが価値あるもので、セリフを間違えたりハプニングが起こったりして使えなくなった映像を表に出すことはご法度に近いものだった。ところがこのドラマは、このNG集が話題となって、人気を集めるようになったのである。NG集を放送したきっかけは尺(収録時間)が足らなかったことであり、最初は偶然の産物だった。

もちろんここまでも再三ふれてきたように、バラエティやワイドショーでは、意外性が重要な意味を持つものとしてあった。その意外性のなかには失敗という要素も含まれていた。だがそれが、前章でも述べた一九七〇年代後半からの番組ジャンルのボーダーレス化とともに他ジャンルにも持ち込まれた。そのことを象徴するのが、この『翔んだカップル』のNG集だった。

つまり、「失敗だから見せられない」のではなく「失敗だから面白い」という価値観が一九八〇年代になってテレビ全般に広がっていった。「面白い失敗」が「NG」というわけである。

もうひとつ同様の例をあげるなら、『プロ野球珍プレー・好プレー大賞』（フジテレビ系）がある。スポーツニュース番組『プロ野球ニュース』（フジテレビ系）のなかで放送されていた一コーナーが独立して特番『プロ野球珍プレー・好プレー大賞』になったのが一九八三年のことである。その人気の起爆剤になったのが、「巨人―中日」戦で中日のショートだった宇野選手がフライを取り損ねただけでなくそれを直接〝ヘディング〟してしまい、ボールがあり得ないほど跳ねてグラウンドを転々……というエラーである。プロではめったに見られない失敗であり、これをきっかけに「エラー」、つまり失敗だったものが「珍プレー」という面白さの付加価値がついたものに転化した。

そしてその「珍プレー」の人気に少なからず寄与したのが、当時『プロ野球ニュース』のキャスターを務めていたみのもんたの〝実況〟だった。

「珍プレー」の実況は、スポーツ実況というよりも一種のアテレコである。「珍プレー」の場面に登場する選手や審判のセリフや心の声をみのが「なにやってんだ?.」とか「ふー、危ない危ない」などと勝手に当てはめていくのである。その淀みなく繰り出されるアテレコ風〝実況〟は、みのの代名詞となった。

しかしながら他方で、その「ノリ」は明らかに過剰である。古舘伊知郎のプロレス実況もそうと言えるかもしれないが、それはまだ目の前で起こる試合から著しく乖離してはいなかった。それに対し、みのの実況はほとんど創作に近い。そしてそのことを隠そうともしない。

言い方を換えれば、古舘の実況がプロレスの自作自演性に呼応してそれを増幅させるという点ではまだ脇役の位置にとどまっていたのに対し、みのの場合は実況そのものが自作自演として自立したものになっている。むろん試合の映像なしには成立しないが、主従の位置は逆転している。みのの実況を楽しむための映像なのである。

ツッコミという「ノリ」

このようにして、本来は自作自演とは無縁の真剣な失敗であったものがテレビ的な「NG」や「珍プレー」として再解釈され、自作自演の一環として取り込まれていった。そうすることによって、いささか強引ではありながら、この世の出来事はすべてテレビ的なものとして受容されていく。そして「社会はテレビである」という一九七〇年代に生まれた見立てをさらに定着させるために、私たちは世界への視線の向け方そのものの訓練に励むようになった。それが一九八〇年代に起こったことだった。

たとえばそれは、テレビがテレビの見方を視聴者に教えるというかたちで起こる。

一九八六年にスタートした『テレビ探偵団』（TBSテレビ系）という番組は、テレビがテレビをネタにして面白がるという点で、それまであまりないものだった。確かにテレビ放送が始まって三〇年以上を数え、テレビは振り返るに値するだけの歴史の厚みを持つようになった。だがネタにして遊ぶという感覚は、この時代がもたらしたものだった。

番組は、毎回ゲストが登場し、その人物がかつて出演したり、思い出に残ったりしている番組やCMを映像付きで紹介するパートと、視聴者からのリクエストや思い出の番組を調査する「私だけが知っている」のパートからなっていた。

「レトロ」という言葉も広まり始めていた当時、この番組のねらいは記憶の喚起による共感にあった。子ども時代によく見た特撮ヒーローものやアニメ、あるいは若き日に夢中になったドラマや歌番組を、誰でも知っているものだけでなく自分自身ですら番組名を忘れてしまったようなものまで番組が調査して教えてくれる。そのことがなによりも、テレビの歴史の蓄積を物語っていた。

そのうえでこの『テレビ探偵団』が印象的だったのは、テレビをツッコミの対象にしたことである。たとえば、一九六〇年代から七〇年代に流行した「スポ根もの」(多くは漫画を原作にしていた)のドラマには、子どもだった当時は不思議に思わなかったものの、いまになって見ればヘンな場面に事欠かない。それが、撮影技術のまだチープだった状況と相まって笑いを誘う。

たとえば、近藤正臣が『柔道一直線』(TBSテレビ系、一九六九年)で演じた一場面。近藤は主人公のライバルとして登場、そのなかで身の軽さを誇示するためにいきなり教室のピアノの鍵盤のうえに飛び乗り、つま先で鮮やかに「猫踏んじゃった」を奏でてみせる。これを漫画で読むならまだしも、実写で生身の人間が演じているからその違和感はただ事ではない。それを番組司会の三宅裕司らがすかさずツッコみ、スタジオは笑いに包まれる。

この場面は、「NG」ではない。近藤は演出と脚本の通りに演じ、スタッフは原作の場面を可能な限り再現しようとしている。そして正式な場面として放送もされた。だが『テレビ探偵団』では、実質的に「NG」と同じ扱いを受けている。

それは、制作現場の論理よりも視聴者の論理が優位になり始めた結果である。その文脈で言えば、古舘伊知郎やみのもんたの過剰な実況もツッコミの一種だという解釈が可能になる。つまり、視聴者が実況者の「ノリ」を自分たちのものとして引き受けたとき、それがツッコミというかたちをとるのである。

『OTV』と『スチュワーデス物語』

真剣に作られているテレビ番組をツッコんでネタにして楽しむ。この感覚は、『テレビ探偵団』以前から視聴者の側に醸成されつつあった。『テレビ探偵団』は、むしろその流れをとらえ、公認したと言える。

一九八五年、「奇跡の大発明　読むだけでTVがめきめき面白くなる」と帯に銘打たれた本が出版され、ベストセラーになった。〝offcolor television〟(「いかがわしいテレビ」とでも訳せばよいだろうか)の頭文字をとって『OTV』と題されたこの本には、刑事ドラマ、時代劇、ニュース、歌番組など

「さまざまな番組のパターンが、ジャンル別に網羅されている」。それらのパターンは、著者のホイチョイ・プロダクションによれば、初めて解明されたものだ。「つまり本書は、パターンという観点から論じた、TVの新しい楽しみ方のマニュアル」である（注：ホイチョイ・プロダクション『OTV』、九頁）。

とはいえ、こうした謳い文句を聞いても、いまならだれも驚きはしないだろう。むしろテレビはパターン、つまり「お約束」の連続以外のなにものでもない、と思っているひとが圧倒的に多いだろうからだ。

ただここで大切なのは、「お約束」感覚の起源が一九八〇年代にあったと改めて確認することではない。むしろ「テレビとはパターンである」という発見が、その当時私たちをいかに興奮させたかを可能な限り追体験することである。

その点で最もわかりやすいのが、『OTV』でも最初に俎上に載せられる「大映ドラマ」である。「どなたか、ご存じの方がおられたら、ぜひともお教えいただきたい。彼らは本気（マジ）でやっているのか、冗談（シャレ）なのか、何か深い考えがあってのことか、それとも、どこかで身体のぐあいが悪かっただけのことか――え、何の話かって？　もち、大映テレビの話」（注：同書、二〇頁）

この「彼らは本気でやっているのか、冗談なのか」という表現が物語るように、大映ドラマはシリアスともコメディともとれる独特の作風で人気を博した。

一九八三年に放送された『スチュワーデス物語』（TBSテレビ系）は、そんな「大映ドラマ」のイメージを決定づけたドラマである。堀ちえみ扮するスチュワーデス訓練生・松本千秋が一人前のスチュワーデスになるまでを描いた作品で、そこに教官との恋愛模様が絡む。

そう要約すると特に変わったところのないありがちな青春ドラマだが、ひとつひとつの描写をとるとそうではなかった。

たとえば、『OTV』でも取り上げられているこんな場面。いつも失敗ばかりで「ドジでのろまな亀」と言われてしまう千秋が英会話の実践テストに挑む。乗客役の人間から英語で「阿波踊りについて教えてくれませんか?」と聞かれるのだが、英語が大の苦手な千秋はあがってしまい、まったく聞き取れない。だが「困ったときは相手の目を見ればわかる」という教官の言葉を思い出した千秋は、相手のしぐさから阿波踊りの話をしているのだと察する。ところがなにを思ったか、千秋は「ああ、私に阿波踊りを踊れとおっしゃるのですね」と早合点して、機内の通路で阿波踊りを踊り出すのだ(注：同書、三一頁)。

こうした場面が連続するこの『スチュワーデス物語』だが、とりわけ面白おかしく見せようとしている気配はない。セリフの棒読みにも思える堀ちえみのぎこちない演技も、不器用このうえないが、とにかく晴れて夢だったスチュワーデスになるためにいつも一生懸命という松本千秋の役柄を踏まえたものと考えれば、それほどおかしなものではない。実際、基本的に大真面目であるがゆえに過剰さを感じさせる作風は、同じ大映テレビが制作して一九七〇年代に人気だった山口百恵主演の「赤いシリーズ」からすでにあったものだ。

要するに、一九八〇年代になって変わったのはドラマそのものではなく視聴者の側である。ツッコミが本来ボケではなかったものをボケにしてしまうのである。青春ドラマは健気な主人公の真摯さや頑張りを表現する。それ自体はパターンではあるが、ごく真面目な意図に発している。ところが視聴者は、その表現に内包された熱を「ノリ」ととらえ、ツッコみ始める。そしてそのツッコミがまた視聴者の「ノリ」になり、静かな興奮が共有されていく。そうして『スチュワーデス物語』は次第に世間の話題となり、最終回では26・8%の高視聴率を記録するまでになった。

このあたりから、演者や実況者に加えて〝ツッコむ視聴者〟がテレビの表舞台に出る時代の空気が加速度的に高まっていく。先ほどふれた『テレビ探偵団』は、そんな時代の一断面であった。

ただ、テレビに対してツッコむ行為は、視聴者の側から自然発生的に出てきたものではない。それもまた、テレビが先導したものだった。そういうわけで、その原点を知るためにいったん時代を少しさかのぼってみたい。

2 「祭り」の日常化――マンザイブームが残したもの

マンザイブームと「笑いの共同体」

「ツッコミ」という単語は、いまや多くのひとがごく当たり前のように使うものになっている。だがいうまでもなく、元々はプロのお笑い芸人のあいだで使われる専門用語だった。

「ツッコミ」や「ボケ」などお笑いの専門用語が一般的に使われるものとして広まったきっかけとなると、おそらく一九八〇年代初頭に巻き起こったマンザイブームをおいてほかにないだろう。もちろん漫才の伝統的土壌があった関西ではそれ以前から一般的に使われていた部分もあるだろうが、全国区になったのはマンザイブームによるところが大きいはずだ。

さらに言うなら、お笑い用語を全国区にした原動力は、間違いなくテレビだった。そもそもマンザイブーム自体が、テレビから生まれテレビを通じて爆発的に広がっていったブームであった。前章で『ズームイン!!朝!』が放送局の全国ネットワークをインフラとして誕生したことを述べたが、マンザイブームも同じである。

マンザイブームを担ったのは、このブームをきっかけに時代の主役に躍り出たフジテレビである。日本テレビやＴＢＳにネットワーク構築で後れを取っていたフジテレビがＦＮＳ（Fuji Network System）を発足させたのが一九六九年。このとき21社だった加盟局はＵＨＦ局の新設ラッシュを背景に徐々に増え、一九八〇年代に入る頃には全国27局のネットワークを完成し、数のうえではＴＢＳや日本テレビを上回るまでに至っていた（注：中川一徳『メディアの支配者　下』、一一六頁。伊豫田康弘ほか『テレビ史ハンドブック 改訂増補版』、一八六頁）。

そのフジテレビ系列で放送されていた『花王名人劇場』という番組があった。一九七九年にスタート、大衆芸能のさまざまな分野の名人芸を紹介する番組で、娯楽性を基本としながらも落ち着いた雰囲気の演芸番組だった。

その雰囲気がガラッと変わる〝事件〟が起こった。一九八〇年一月に「激突！漫才新幹線」と題して東西の人気漫才コンビ3組が出演する企画を放送したところ、いきなり高視聴率を記録したのである（注：澤田隆治編著『漫才ブームメモリアル』、四七―四八頁）。そしてその後次々と企画された漫才企画もやはり高視聴率となる。それがマンザイブームの始まりだった。

この盛り上がりに目を付けたのが、当時フジテレビのプロデューサーだった横澤彪である。横澤は、年配視聴者向けで古臭いという演芸番組の印象を払しょくしようとした。スタジオの観客を若者限定にし、ディスコのような華やかなセット、出囃子も若者受けするポップなものにした。そしてそれに合わせ、番組名も『THE MANZAI』とアルファベット表記にした（注：横澤彪『犬も歩けばプロデューサー』、八六頁）。

当然、演者も20代から30代前半の若手コンビ中心にした。B&B（島田洋七、島田洋八）、ツービート（ビートきよし、ビートたけし）、島田紳助・松本竜介、ザ・ぼんち（おさむ、まさと）、西川のりお・上方よしおなど。そこにリーダー的存在として横山やすし・西川きよしが加わるかたちである。

芸風はコンビそれぞれだが、共通するのはネタのスピーディさと本音の語りである。従来の漫才よりも早口で次々とギャグを繰り出し、本音でズバズバ切り込んでいくスタイルは、新鮮な感覚で世に迎え入れられた。広島と岡山の地方格差ネタに「もみじまんじゅう」などのギャグを連発するB&Bや「赤信号 みんなで渡れば こわくない」など世の建前を笑い飛ばす〝毒ガス〟ギャグで顰蹙を買いつつも人気を博したツービートは、代表格である。

『ＴＨＥ ＭＡＮＺＡＩ』は、一九八〇年四月の第1回から一九八二年六月まで計11回放送された。そして一九八〇年の年末に放送された第5回では32・6％の高視聴率を記録するなど、まさにブームをけん引する役割を果たした。

横澤彪は、この番組の収録の際、スタジオの若い観客の反応に驚いたことを述懐している。「おそるおそる彼らの顔色を窺っていると、すぐ目の前で繰り広げられる若手漫才師たちのテンポに乗り、堰を切ったように笑いが弾けていった。会場の隅々まで、笑いの渦が広がっていく。若者たちはノリにノリまくった」（注：同書、八七頁）

この〝若者たち〟とは、番組が大学のサークルに電話して集めた学生約四〇〇人である（注：同書、八五頁）。

前章でもふれたように、一九七〇年代の視聴者参加バラエティの主役となったのも大学生であった。演者としての自覚を身につけ始めた大学生たちは、面白いことをする主体として振る舞うようになった。ただもう一方で、そのアシストをするのも大学生という側面があった。『ラブアタック！』が典型的なように、観客席から「落・ち・ろ！」などと時には毒を含んだ掛け声や声援を送るのも同じ大学生だった。テレビは、演者と観客の共犯関係を土台にした「祭り」の場になり始めていた。

『ＴＨＥ ＭＡＮＺＡＩ』の観客となった大学生たちもまた、ただ笑うだけの受け身の存在ではなかった。そこには若手漫才師たちと同じくスピーディかつ本音で反応する姿があった。横澤は、観客の大学生たちのリアクションの速さに圧倒される。「ギャグをシャープに受け止めるし、面白くなかったらクスリともしない。大変厳しくて、正直。これはいままでお笑い番組をつくっていたぼくたちの視野にないお客だと驚いた」(注：同書、八六頁)。

「ノリ」に同調して盛り上がるかと思うと、厳しい批評精神を発揮する。マンザイブームが顕在化させたもの。それは、こうした「祭り」と批評性という二つの相反する面の緊張関係をはらんだ「笑いの共同体」だったと言えるだろう。

明石家さんまが切り開いたもの

マンザイブームが終わっても、「笑いの共同体」の拡大はとどまるところを知らなかった。一九八一年に始まったフジテレビ『オレたちひょうきん族』(以下、『ひょうきん族』と表記)は、いま述べた二面性のうち「祭り」の側面の拡大を担った代表的番組である。

同番組には、マンザイブームの中心となった先述の若手コンビが総出演した。だがこの番組をきっかけに最も頭角を現したのは、明石家さんまだった。

前に書いたように、一九七〇年代のさんまは『ヤングおー！おー！』に出演、当時阪神の投手だった小林繁の投球フォームのものまねが評判を呼んだのをきっかけに、持ち前のトーク力と明るいキャラクターでみるみるうちに人気者になった。そして東京進出。そこで全国にその名を知られるきっかけになったのが、この『ひょうきん族』だった。

まずさんまは、番組のメインコーナーである「タケちゃんマン」で、ビートたけしの敵役に抜擢された。特撮もののパロディコントだが、徹底してパロディをやるわけではなく、むしろ設定を離れて延々と続くたけしとさんまのアドリブ合戦を楽しむような側面が強かった。

そのスタイルは、当時土曜日夜8時を意味する「土8」戦争と呼ばれた裏番組の『8時だョ！全員集合』（TBSテレビ系）（以下、『全員集合』と表記）との対抗関係を意識したものでもあった。『全員集合』でのザ・ドリフターズのコントは、念入りな打ち合わせとリハーサルを重ねたうえでその通りに演じられた。それに対し、『ひょうきん族』はアドリブ重視、その場のノリで生まれる笑いを追求した。その結果、一九六〇年代の終わりから君臨していた『全員集合』の牙城は崩れ、『ひょうきん族』の笑いがメインストリームに取って代わった。その中心にいたのが明石家さんまであった。

興味深いのは、そうした新しい笑いのスタイルが、番組制作技術の進歩にも支えられていたことである。

『ひょうきん族』のディレクターであった佐藤義和によると、「それまでテープを編集するのには、切らなくちゃいけないところを本当にハサミで切って、顕微鏡でのぞいて、貼って……という作業だった」。ところが「79年の後半くらいから、電子編集ができるようになった」。その結果、「それまでの番組は効率を考えて、台本どおりに収録していく完パケ（引用者注：放送できる状態にした完成品のこと）が主だったのが、めちゃくちゃな順番で作れるようになった」（注：『80年代テレビバラエティ黄金伝説』洋泉社、MOOK、一六頁）

この佐藤の発言は、前章でもふれたニュースの電子化のことを思い出させる。ENGが世界全体の

「現場」化の可能性をぐっと身近に感じさせたとすれば、バラエティ番組の編集の電子化は、ポストプロダクションの過程においてもさんまらが担った「現場」のアドリブ的ノリを生かすことを可能にした様子がうかがえる。

さらに明石家さんまという演者に関して重要なのは、自分自身をネタにし、キャラクター化したことである。

たとえば、「さんちゃん、寒い」というセリフで話題になったコントがあった。さんまが若き日に交際していた女性とのエピソードをもとにしたもので、深夜さんまのマンションを訪ねてきた女性をさんまが玄関先で冷たくあしらうという内容だった。

このときその女性には当時のことをよく知る友人の島田紳助が扮する一方で、さんまは自分自身を演じた。それは、たけしが架空の「タケちゃんマン」を演じるのとは意味合いが異なる。だが元は〝実話〟であったとしても、そのままを再現するわけではなく「明石家さんま」としてキャラクター化されている部分もある。言い方を換えれば、そのような自分の恥ずかしい過去をコントにして自分役で出演するのも「ノリ」なのだ。

こうした「素」を演じる方向性の笑いがさんまによって切り開かれたことによって、芸人と「素人」の境界線は次第にあってないようなものになった。

そのひとつの表れが、スタッフの出演である。バラエティ番組でスタッフが画面に登場するのはいまならありふれた光景だが、そうしたスタッフの出演に市民権を与えたのは、この『ひょうきん族』

と言っていいだろう。さんまや島田紳助がトーク中に何の前置きもなくスタッフの名前を出してエピソードを語り、それを聞いて笑っている当のスタッフがカメラに抜かれる。そんな場面が当たり前になっていった。

さらにそこから、スタッフが演者として出演するかたちが定着していく。横澤彪は名物コーナー「ひょうきん懺悔室」に神父役で出演し、番組担当の五人のディレクターたちは「ひょうきんディレクターズ」としてしばしば登場、とうとうレコードデビューまで果たした。

「ひょうきんディレクターズ」の一員でもあった先述の佐藤義和は、自らの出演の裏側についてこう明かしている。「ひょうきんディレクターズに関しては、僕は学生時代、役者とかグループサウンズの司会とかやっていたから、芝居するのは問題なかった。でもあんまりうまくやっても、あんまり売れても、芸人さんの嫉妬を買うだけなので、かなりおさえて出ていましたね（笑）」（同書、一五頁）。

この発言は、冗談半分だとしても示唆的である。佐藤には大学生のころに芝居や司会の経験があったため、あえて「素人」っぽく演じていた。そこには、テレビが求める「素人」像というのがなんとなく共有されていたことがうかがえる。次節で述べるように、一九八〇年代中盤から後半になると、テレビの画面は一気に「素人」であふれかえるようになる。佐藤のようなスタッフは、演出家としてだけでなく、出演者としてそのような「素人」の時代への露払い的役割を担っていた。

司会者・森田一義

一方、本来のディレクターとしての佐藤義和は『ひょうきん族』の「ライブ担当」だった。ライブとは観客を入れた公開収録のことで、『THE MANZAI』が同じ形式に当たる。

その『THE MANZAI』でブレークした芸人たちを中心に、収録ではなく生放送の番組が企画された。一九八〇年開始のフジテレビ『笑ってる場合ですよ！』である。B&Bをメイン司会にすえた昼の帯番組で、新宿駅東口前にあったスタジオアルタからの公開生放送。日替わりでザ・ぼんち、ツービート、紳助竜介などマンザイブームの主役たちが登場した。

まだブームの真只中のこと、しかも先着順で観覧できるかたちにしていたため、芸人たちをアイドルのように見る小中学生の観客でいっぱいになることもあった。そうした観客は、芸人が出てきただけでほとんど条件反射のように笑う。

お気づきのように、それは、横澤彪が驚いた『THE MANZAI』の大学生とは真逆の観客だった。大学生の観客が示した笑いに対する鋭い批評性はどこかへ消え、なにを言ってもただ反射的に笑うようになっていた。当時を述懐する横澤彪の言葉を借りれば、「現場の客がですね、年齢的にも内容的にもレベルが下がっていっちゃって、とにかく〝すってんころりん〟したりね、そういう非常に初歩的な笑いでしかないし、ちょっとまじめにやろうとする演者にとっては苦痛になってきたわけです」（注：『宝島』、一九八四年一月号、五三頁）。

番組は二年ほどであえなく終了。後番組として企画されたのが、同じスタジオアルタからの公開生放送として一九八二年にスタートした『森田一義アワー　笑っていいとも！』（以下、『いいとも』と表記）である。

引き続いてプロデューサーとして関わった横澤は、『笑ってる場合ですよ！』の反省に立って「知的な笑い」にこだわった。そして司会者として、当時でたらめ外国語や毒気のあるパロディネタを盛り込んだ「四か国親善麻雀」などのネタで知的片鱗を見せて、すでに熱狂的な支持者のいたタモリに白羽の矢を立てた。

その際、横澤はタモリに対し、「会場の客あてにしないで、テレビ観てる客にギャグ言ってくれ」（注：同号、五四頁）と言ったという。横澤にとって、ミーハー気分でやってくる観覧客に比べ、テレビの視聴者ははるかに知的な存在と映っていた。彼は言う、「見てる視聴者のレベルが凄く高いという事。ほとんど大学出てるわけでしょ。演者よりも見てる人の方が感覚的に上いっちゃってると」（注：同号、五三頁）。

ここでも「大学」というワードが登場する。そこには、『THE MANZAI』で横澤彪が驚いたスタジオの大学生の観客の記憶が反響しているとも受け取れる。要するに、『いいとも』とは『THE MANZAI』で可視化された「大学生」（あるいは大卒の人々）を全国のテレビの前にいる典型的視聴者として想定した番組だった。タモリは、そうした視聴者のレベルに見合う演者として抜擢されたのである。

ただ、そうはいっても毎日目の前にいるスタジオの観客を無視するわけにはいかない。公開生放送というかたちをとりながらテレビカメラの向こう側にいる知的な視聴者のみを相手にし続けることは現実には不可能に近い。

ではどうするか？　それは徹底した傍観者になることだった。

『いいとも』でもディレクターを務めた佐藤義和は、「「これはタモリでやるんじゃなくて、森田一義を演じてください」ということで、あえて「森田一義アワー」を入れた」と語っている（注：前掲『80年代テレビバラエティ黄金伝説』、一六頁）。当初タモリは、オールバックでレイバンのサングラスというトレードマークになっていた格好ではなく、七三分けでサングラスの色も薄く、さわやかなアイビースタイルで登場していた。それはお昼向けの健全さを表現するということでもあったはずだが、いま引いた佐藤の言葉によれば、そこには芸人タモリではなく素の「森田一義」で番組に出るという意味合いもあった。それは、明石家さんまが自分自身をキャラクター化したという先ほどの話に通底するものを感じさせる。

ただしそこでタモリは、さんまのように自らのエピソードトークをネタにして笑いの中心にい続けるという道は選ばなかった。むしろ観客や視聴者の視線を浴びる存在である自分を突き放し、その状況そのものを冷静に傍観するポジションに立つことを選んだ。

たとえば、『いいとも』には、恒例となった観客との掛け合いや唱和があった。番組のオープニングの「今日も見てくれるかなー」「いいともー！」、日替わりのゲストとトークをするテレフォンショッキングの冒頭で「今日もいい天気ですね？」「そうですね！」のように観客が参加するスタイルが随所で見られた。

象徴的なのは、「世界に広げよう、友だちの…「輪」」というゲストのセリフに合わせ、観客とともに自ら輪のかたちを作って「輪！」と唱和するテレフォンショッキングでお決まりだったやりとりが誕生したきっかけである。

ある日テレフォンショッキングでたまたまJALの当時のマークにあった鶴の話題になった。その際、デザインに「輪」の意味があることを知ったタモリが自ら両手を挙げてマークをつくると、タイミングよく観客から「輪！」と声が掛かった。それを面白がったタモリが「ノリ」で客席全員も一緒にやるように促し、以降定番になったのである。

だがそんな観客とのやりとりの当事者でありながら、タモリはいつもシニカルだった。番組の人気が出てくると自らを「国民のおもちゃ」と自虐してみせ、またその場の進行とは無関係に突然思いついたギャグや物まねを始めることもしばしばだった。当然、そのようなときは大体ウケない。だが不貞腐れたような素振りを見せながらも、上滑りする自分を楽しんでいるようなところがあった。

このように、タモリのMCは投げやりにも見えることを隠そうとしなかった。それは先述した関口宏の脱力感に少々の毒を含ませ、偽悪的に振る舞うようなものだと言えるかもしれない。そのようにすることによって、司会者・タモリは観客や視聴者に対して常に距離をとろうとしていた。

しかしかと言って、そんなタモリの振る舞いは「笑いの共同体」を否定するものではない。むしろそのなかに新しい席を設けることだった。傍観者として「笑いの共同体」のなかの人々の生態を観察して楽しむこと。たとえば、タモリは番組に登場した「素人」に企画内容とは無関係にあだ名をつけたり、特徴のある口調を物まねしたり、フリップに似顔絵を書いたりと悪ふざけをし続けた。観察眼を働かせて奇妙な点を発見して楽しむ傍観者としてのお手本をタモリ、いや「司会者・森田一義」は『いいとも』のなかで示し続けた。

それはいうまでもなく、『スチュワーデス物語』のなかに勝手に奇妙で過剰なものを発見して喜ぶ視聴者に重なる。そして前述したように、制作者の側も『テレビ探偵団』のような番組をつくり、そのような視聴者のツッコミ願望に応えるようになっていったのである。

テレビが「祭り」になるとき

こうして演者、視聴者、制作者がある部分では重なり合い、またある部分では互いにずれながら、「笑いの共同体」におけるそれぞれのためのポジションが用意された。言い方を換えれば、一九八〇年代後半、「笑いの共同体」完成に向けた準備が無事整ったのである。

そして迎えた一九八七年。この年に第1回が放送されたフジテレビの「27時間テレビ」こそは、その共同体の完成の瞬間を告げるものだったと言っていい。

この企画自体は、日本テレビのチャリティ番組「24時間テレビ」の存在を踏まえたものだ。一九七八年に始まった同番組の第1回は萩本欽一をチャリティパーソナリティに立てて予想外の大成功を収め、それを受けて年1回の恒例として定着した。

マンザイブームをきっかけに躍進を遂げたフジテレビは、その「24時間テレビ」に対抗して長時間の生放送番組を企画した。「24時間テレビ」がチャリティ募金を呼びかけ、社会貢献を目指す真面目なものだとしたら、こちらは笑いに徹するものにする。一九八六年にフジテレビ調査部の編で出版された『楽しくなければテレビじゃない』の冒頭は、「のっけから手前味噌で恐れ入りますが、フジテレビは、いまノッってます」というストレートすぎるほどの自慢めいた〝宣言〟で始まる（注：フジテレビ調査部編『楽しくなければテレビじゃない』、一頁）。「27時間テレビ」の企画は、一九八〇年代前半から笑いを前面に出して視聴率トップの座をキープし続けるフジテレビの自信の表れであった。

そんなコンセプトで始まった「27時間テレビ」は、必然的に「24時間テレビ」を茶化すようなニュアンスを帯びた。つまり、「27時間テレビ」とは、「24時間テレビ」に対する壮大なツッコミであった。実際、第1回のときには、勘違いしてフジテレビまで募金を持参してきた視聴者がいたほどであり、それを番組内で笑いのネタにもした。そんなところに、両番組の関係性が象徴されている。

「27時間テレビ」第1回の正式名称は、『FNSスーパースペシャル 一億人のテレビ夢列島』である（正確にはこの年は24時間の放送であり、ほかにもそのような年は存在するが、ここは便宜的に「27時間テレビ」という表記で統一する）。そこには、フジテレビが構築した先述の全国的ネットワークである「FNS」が主役であることが明確に打ち出されている。この「27時間テレビ」自体が、同じタイミングでフジサンケイグループと関西テレビが開催したアトラクションや映像展などのイベント「夢工場'87」の一環であった。

つまり、ここにおいてテレビはどこかの誰かが主体のイベントを伝えるのではなく、自らイベントを作り出す主体の側になったのである。同じ一九八七年に民放テレビが一斉に24時間放送体制を整えたことと併せ、テレビはますます私たちの日常に食い込んでくるようになった。先ほどふれた『楽しくなければテレビじゃない』では、「フジテレビ的なノリを日常生活にまで持ち込んじゃう」「CX族」(「CX」は、フジテレビのコールサイン「JOCX」から来たもの)が出現したことを満更でもない様子で紹介している(注:同書、一頁)。

そうした「フジテレビの時代」の到来のなかで、一九八七年七月一八日午後九時、第1回の『FNSスーパースペシャル 一億人のテレビ夢列島』は始まった。

総合司会は、タモリと明石家さんま。これは、『いいとも』と『ひょうきん族』のスタッフが番組を担当したことからも自然なキャスティングだった。ただそこに『ひょうきん族』のもうひとりのメインであるビートたけしはいなかった。それには理由がある。前年末当時交際していた女性についての写真誌の記事に怒ったたけしがいわゆる「フライデー襲撃事件」を起こし、ちょうど謹慎期間中だったからである。

そのたけしが生放送復帰の最初の番組として選んだのがこの「27時間テレビ」だった。その際の3人によるフリートークは大きな評判を呼び、たけし、タモリ、さんまは「BIG3」という括りで「27時間テレビ」に登場するようになる。「お笑いビッグ3」の誕生である。

そして一九九一年の「27時間テレビ」。バラエティ番組史上有名な「さんまの愛車破壊事件」が起こる。

その年、「お笑いビッグ３」がスタジオ内につくられたゴルフグリーンのセットで対決する企画があった。当時、正月恒例のビッグ３によるゴルフ特番が放送されていて、その流れで設けられたコーナーだった。

ところが、雑談のなかでさんまが高級な４ＷＤの新車を購入したという話になり、３人は局の建物の外までそれを見に行こうということになった。すると突然、タモリにキーを渡されたたけしがさんまの車に乗り込み、運転しようとした。慌てふためくさんま。だがたけしはそれにお構いなく車をスタートさせ、局の敷地内を走り回ったあげくの果てにコンクリートブロックに車をぶつけ破損させてしまう。それを楽しげに見守るタモリと買ったばかりの新車を壊されてがっくりと崩れ落ちるさんま。

もちろんこれは、〝コント〟である。正確に言えば、少なくとも視聴者は〝コント〟と見なしている。とはいえ、そこはただのコントにはない祝祭性にあふれている。言い方を換えれば、無意味な行為に全力を傾けることとの解放感がある。ただ笑いのためだけに高級車を惜しげもなく破壊する。文化人類学で言うポトラッチの儀式、無償の浪費にも似た行為だ。

そしてこの場合、その儀式性は、テレビの自作自演性と密接に絡んでいると言えるだろう。

車の破壊にいたる一連の流れは、３人が暗黙の裡に交わした共犯関係の約束に従っている。加害者であるたけし、その協力者であるタモリ、そして被害者であるさんま。その一糸乱れぬ連携によってハプニングが演出される。たとえば、タモリがたけしに車のキーを渡すときに少し手間取り、間ができる。それを見たさんまはそれを阻止しようと必死な様子を見せるものの絶妙に失敗し、大げさに慌てみせる。３人は自作自演に自覚的であり、その合作者なのである。

そしてその一部始終を見ている私たち視聴者は、３人が自作自演に自覚的なことにもちろん気づいている。だがそれゆえに白けてしまうことはない。むしろ彼らが自覚的な自作自演の主体であるとわかって見るからこそ面白みがあると感じている。それをわかる眼を自分が持っているということに視聴者としての充足感を抱く。

それは、演者間だけでなく演者と視聴者のあいだにも共犯関係が成立したことを物語る。『スチュワーデス物語』では、視聴者が一方的に面白がっていた。しかしそれだけでは一方通行で寂しく、物足りない。だから演者も自作自演に自覚的であることが感じ取れれば、一気に両者の距離は縮まったととらえられ、「笑いの共同体」の熱気は否応にも増す。そうしてテレビの自作自演は一段と昂進し、「祭り」化が進むのである。

討論という「プロレス」

さらに重要なのは、こうした「祭り」が非日常的なレアケースではなく、先ほどふれた「ＣＸ族」の存在が示すように、むしろテレビにとって日常に属するものになっていったことである。しかもそれは、バラエティ番組にとどまらなかった。

お堅い討論番組の「祭り」化という意味では、第１回の「27時間テレビ」が放送された同じ一九八七年に現在も続く『朝まで生テレビ！』（テレビ朝日系）が始まっている。政治経済、国際関係、社会問題など時事問題全般をテーマにパネラーが討論を繰り広げる月1回放送のおなじみの深夜番組。当初は早朝6時まで放送するのが通例で、これなども先述の24時間放送体制への移行が生んだ番組のひとつだった。

それまで討論番組と言えば、NHKが日曜の朝に放送するような各政党の代表が持論をそれぞれ主張するだけの当たり障りのないものがほとんどだった。

番組の司会となった評論家の田原総一朗は、そんな討論番組の現状に不満を抱いていた。田原の見たところ、その一因は番組の時間不足にあった。30分や1時間では、議論を戦わす余裕はない。ところがテレビ朝日から任された深夜枠は、5時間という長時間だった。田原は、こう考えた。「テレビが避けている硬派のテーマには、原発、自衛隊、消費税……と、いくらでもあった。そして、そうしたシリアスなテーマであればあるほど、賛成であれ、反対であれ、その主張に人生を賭けてきた論者たちが多くいる。彼らは、それこそ命懸けの、本音剥き出しの白熱した討論を展開してくれるだろう。討論ではなく闘論になるはずである。そのためには充分な時間が必要で、5時間というのは決して長すぎるものではない。わたしは、プロレスを真似、「無制限一本勝負」、これをキャッチフレーズにしようと考えた」（注：田原総一朗『田原総一朗の闘うテレビ論』、二一六―二一七頁）

この発言では、やはり「プロレス」という表現に目が行く。実際、この番組を一度でも見たことがあれば、ここでの討論がプロレス的であることに多くのひとがうなずくだろう。意見の対立するパネラー同士が大声を上げ、相手の言葉を途中で遮るなどすることは、従来のお行儀のいい討論番組ではありえないことだった。その様子はまさに、時には反則も使って相手を組み伏せフォールやギブアップを奪おうとする〝言葉のプロレス〟を彷彿とさせた。初期のレギュラー出演者であった映画監督・大島渚のトレードマークにもなった「バカヤロー！」という番組中の怒鳴り声はここぞという場面での〝必殺技〟のようなものだった。

その文脈で考えれば、常識を無視したような田原の司会ぶりもよく理解できるものである。

本章の最初で、『やじうまテレビ』の司会を務めたテレビ朝日のアナウンサー・吉澤一彦が、意見のバランスを取るためあえて自分の意見をぶつけることもあったことを書いた。つまり、無難な進行役という立場から一歩踏み出したのである。

田原総一朗の司会は、それをさらに思い切って徹底したものだと言えるだろう。いや、正確に言えばハナから田原は進行役を務めるつもりなどなかった。平気でパネラーの意見を遮り、おかしいと思えば不服そうな顔で声を荒げ、時には自ら論戦の当事者となるその姿は、「司会」の一般的イメージからはかけ離れていた。

だがそれは、田原自身が考えた番組のプロレス的コンセプトを踏まえれば必然的なものと理解できる。要するに田原は、プロレスのレフェリーのような司会者になろうとしたのだ。

一般的なスポーツのレフェリーに比べ、プロレスのレフェリーは試合への〝参加〟度合がきわめて高い。反則を5カウント未満なら許容し、時にはそれに気づかない。そして時には乱闘に巻き込まれて気絶し、それによってしばらくのあいだ試合が無法状態になることもある。

それらはすべてレフェリーが承知のうえで演じているようにも見える。だが表面上は、それは偶然そうなってしまった予想外のハプニングとして試合は進んでいく。要するに、プロレスにおいてはレスラーだけでなくレフェリーもまた、自作自演的空間をつくるために不可欠な存在である。「無制限一本勝負」である『朝まで生テレビ！』を裁く田原総一朗もまた、同じ役割を果たしたのである。

「ギョーカイドラマ」から「トレンディドラマ」へ

また一九八七年は、マスコミや広告業界など華やかなイメージのある業界の内側を描いた「ギョーカイドラマ」が続々と作られた年でもあった。

田村正和が主演の『パパはニュースキャスター』（TBS・テレビ系）に始まり、『アナウンサーぷっつん物語』『ラジオびんびん物語』『ギョーカイ君が行く』（いずれもフジテレビ系）『恋はハイホー』（TBS．テレビ系）といった一連のドラマは、それぞれテレビ、ラジオ、レコード、広告業界を舞台にしたものだった。

それらに共通するのもやはり「祭り」である。時はバブル景気。後に日本社会が苦しむことになるさまざまな問題をはらみつつも金回りが格段に良くなった。本来どんな仕事も楽しいことよりは苦しいことのほうが多いはずだ。だがこの時代のバブル景気は、そうした当たり前の事実を忘れさせるほどのパワーを持っていた。とりわけその恩恵を受けたのが、マスコミや広告業界である。それらの業界においては、毎日が「祭り」のような状態が生まれていた。それをさらに極端に表現したのが

「ギョーカイドラマ」だったと言えるだろう。

やがてそうした「祭り」の気分は他のドラマにも波及し、いわゆる「トレンディドラマ」の時代を生み出す。

トレンディドラマの草分けとなったのは、一九八八年放送のフジテレビ『君の瞳をタイホする!』である。陣内孝則や浅野ゆう子ら主人公は渋谷道玄坂警察署の刑事。そう聞くと一見「刑事もの」のようだが、ドラマのなかで犯罪捜査のシーンはほとんど出てこない。職場である警察署もオシャレな最先端のオフィス風。そうしたなかで刑事たちは最新流行のファッションに身を包み、ナンパや合コン三昧の日々を送る(注:『懐かしのトレンディドラマ大全』、五七―五八頁)。

警察は、常識的にはマスコミや広告業界とは正反対のお堅い職場である。だがこのドラマでは、そんな警察すらもギョーカイ化し、登場人物たちは本業そっちのけで恋愛ゲームに明け暮れる。このドラマを企画したフジテレビ・山田良明は、当初タイトルを「渋谷の恋の物語」としていた(注:古池田しちみ『月9ドラマ青春グラフィティ』、一九頁)。つまり、トレンディドラマは恋愛ゲームをメインに据えたギョーカイドラマとして誕生したのである。その後トレンディドラマはブームを迎え、フジテレビを中心に一時代を築く。

ただもう少し大きな文脈でとらえるならば、トレンディドラマの根底には前章で述べた一九七〇年代的なものも取り込まれている。

たとえば「恋愛ゲーム」の要素は、一九七〇年代における視聴者参加型の恋愛バラエティのスタイルをドラマに取り入れたものだと言えなくもない。多くの初期トレンディドラマは、独身男女複数名同士の恋愛模様を中心に展開した。それは、「フィーリングカップル5vs5」をドラマ化したような一面を持つ。そうした恋愛バラエティを担った主役は大学生たちだったが、トレンディドラマでは社会人になっている。それは、大学だけでなく世の中全体が「レジャーランド」化した証しでもあるだろう。

もうひとつは、「情報」の要素である。

トレンディドラマが目論んだのは、ドラマの「情報」化だった。前出のプロデューサー・山田良明によれば、そこにはまずドラマを作品としてではなく商品として考えるという根本的発想の転換があった。そのうえで、バブル景気当時は外での遊びに夢中でドラマに見向きもしなかった二十代の若い女性をターゲットに定めた。そして山田らスタッフは、次のような結論を出す。「若い女の人たちに見せるには、テーマがどうの、何を伝えるとかではなく、ドラマで描かれることがいかに彼女たちにとって身近な世界であるかということ、彼女たちの一番の興味は恋愛と結婚と仕事であり、そこに情報性を加えて、ドラマとしてだけでなく情報番組として見られることが大切なのではないか」(注:同書、一八頁).

こうして、ドラマは〝作品〟ではなく〝情報〟になった。企画段階では、「ドラマの画面にスーパーインポーズで「これはどこそこの洋服です」といった情報を入れていったらどうか」というアイデアまであった(注:同書、一八頁)。衣装は本来、作中の人物設定やシーンの性質に合わせて決定されるものだろう。ところがトレンディドラマでは、それはむしろ二の次になる。ここにもテレビの「情報」化が番組ジャンル間の壁を壊していった一端がうかがえる。

3 「出る権利」と「見る権利」――一九九〇年代に起こったこと

出る権利、見る権利

以上のように、テレビはジャンルの違いを超えて「祭り」の様相を呈するようになった。そして先述した通り、その過程において視聴者は、ツッコミというきわめて有効な「祭り」への参加手段を獲得した。

だがその一方で、ツッコミは、視聴者に一定の選択権、一定の自由を確保してくれるものでもあった。ツッコミは参加の一形式でもあるが、対象に対して一定の距離をとる効果もある。言い方を換えれば、ツッコミによる参加は、「祭り」の渦中に完全に呑み込まれることなくある程度の平静さを確保する行為でもある。〝「祭り」が日常になる〟とはそういうことなのだ。

ここにいたって、視聴者はテレビに対して二つの権利を有する存在になった。その二つとは、「出る権利」と「見る権利」である。

「出る権利」については、ここまで折に触れて述べてきたように視聴者参加番組としてテレビの草創期からあった。だが「見る権利」はそうではなかった。テレビを見ることは、おそらく長らく〝権利〟として意識されることはなかった。確かにテレビは一方通行のメディアとして感覚されるのが自然だっただろうし、その意味では見ることはどうしても受け身の行為と考えられがちだ。ところが一九八〇年代になり、ツッコミという手段を与えられたことによって、見ることは一転〝権利〟として感じられるようになった。

するとここで視聴者にとっての新たな課題が生まれる。「出る権利」と「見る権利」はどのように両立させることができるのか？　という課題である。たとえば、視聴者参加番組を見る視聴者は、出演している同じ視聴者をどうツッコむのか、あるいはツッコまないのか？　それが一九九〇年代になって浮上してきた視聴者にとっての解決すべき問いだった。

「出る権利」の膨張

まずは、前章でふれたもの以降の視聴者参加番組から「出る権利」に起こった変化を見ておこう。そこで注目したいのは、一九七九年開始のテレビ東京『所ジョージのドバドバ大爆弾』である。

この番組は、一般視聴者がペアを組んで出演、歌やコント、ものまね、一発芸などの一芸を披露、それに対して審査員が出した賞金額（最高一〇〇万円）獲得を賭けてゲームに挑戦するという内容である。公開生放送で、関東近郊の市民会館や公会堂などの施設を会場に使用していた（注：高田文夫・笑芸人編集部編著、前掲書、二〇五―二〇六頁）。

歌だけではなかったが、公開生放送で一般人が芸を披露する点では、『ＮＨＫのど自慢』など伝統的な視聴者参加番組の基本スタイルに従っている。その点だけを見れば、特に目新しさはない。

しかしもう少し細かく見ると、この番組には従来の視聴者参加番組とは異なる部分があった。それを象徴するのが、この番組の司会を務めた所ジョージである。

前章でふれた関西の放送局制作の一連の恋愛バラエティにしても、あるいは萩本欽一の『欽ドン』や『欽どこ』などにしても、「素人」を面白くするのはプロの芸人だった。つまり、プロの芸人が「素人」をコントロールしていたのである。

それに対し所ジョージは、そのような素振りすら見せない。彼一流の軽い芸風で出場者の盛り上げ役に徹し、批評的な言葉はいっさい口にしない。舞台上を走り回り、紙吹雪を巻くなどこのうえない能天気さでひたすら番組を盛り上げる。つまりそこでは、「素人」はプロのコントロールから解放されているのである。

同じことは、この番組のシステム自体にも当てはまる。参加者の芸を評価し、賞金額を決めるのは芸能人の審査員である。もちろん出場者によって額の高低はある。だがそれは合否の判定ではない。いずれにしても、ゲームをクリアすればその賞金が出場者のものになることは変わりがない。そんなシステム自体が、「素人」を上から評価するのではなく、笑いの主役と認めるものだった。そこには、前章でもふれた『ＮＨＫのど自慢』がもたらした「マイクの民主化」ならぬ「笑いの民主化」がある。

だが、「笑いの民主化」には、「マイクの民主化」以上の発展がこの時期あった。

たとえば、「のど自慢」に出ることは、ほとんどの場合思い出作り的なものだった。確かになかなかには飛び抜けて歌の上手な出場者もいて、プロの歌手になるひとがいなかったわけではない。ただし、そこではプロと「素人」のあいだには一貫して明確な境界線があった。歌唱力が一定の高い水準に達していなければ、プロの歌手になることはできなかった。

ところが笑いに関しては、事情が異なっていた。この時期、「素人」が素人っぽいまま芸人になるケースが目立ち始めたのである。

その典型が、やはりまだプロになる前の高校生時代に『ドバドバ大爆弾』にも出場していたとんねるずである。この番組はオーディション番組ではなかったので、直接そこからデビューしたわけではない。しかし、素人時代の芸風は、プロになってからもまったく変わることはなかった。本章1節でもふれたように、テレビ番組のパロディや芸能人の物まねを小刻みに連ねていくスタイルは、クラスの人気者が学校の教室や部室で友だちに向けて披露するそれと同じである。完成度よりはノリ。基本的には仲間と一緒に盛り上がればそれでOKというものだった。

ただしそのノリは、従来のプロの芸人のような熟練を感じさせるものではなかったにしても、逆に視聴者でなければ気づかないような目の付け所の面白さが光るものだった。当時とんねるずがよく披露していた『11PM』のオープニングシーンの再現ネタ（テーマ曲を自分たちで口ずさみながら、カバーガールや画面に映るラインダンスのアニメーションを完全再現するもの）は、視聴者の目線でなければなかなか発想できないものだっただろう。

こうして、一九七〇年代の末から一九八〇年代の初頭、単に誰でもテレビに出られるという「出る権利」の拡張だけでなく、「素人」がプロの世界とのあいだの壁を突き崩すような「出る権利」の膨張が起こり始めていたのである。

〝素人らしい「素人」〟と『元気が出るテレビ』

とはいえ、一九八〇年代はプロの世界を侵食していく「素人」一色だったわけではない。もう一方で、〝素人らしい「素人」〟が劣らず人気を得るようになった。

その先駆け的なひとりとして、『ひょうきん族』の名物コーナー「タケちゃんマン」に出演していた「吉田君のお父さん」がいる。「吉田君」とは牛のことで、その牛を引いているのが「吉田君のお父さん」。元々は牛の飼い主である酪農家だったが、たまたま「タケちゃんマン」に牛と一緒に出て人気者になった。見た目は本当に朴訥そうなお父さん。それがタケちゃんマンの助っ人役として登場し、谷啓のギャグからいただいた「ガチョーン」光線で敵をやっつける。ただまったく芝居っ気はないため、棒読みで間は外れっ放し。「ガチョーン」のポーズも怪しい。だがそれがかえって新鮮だった。

一九七〇年代の視聴者参加番組の大学生たちを思い出せばわかるように、それまでテレビに出る「素人」は、はしゃがなければという意識にとらわれていた。実際そうであるかどうかは別にして、仲間内や町内の人気者のように面白おかしく演技しなければという先入観があった。ところが「吉田君のお父さん」は、出演を重ね人気が出てもまったく変わらず、演技が上達する気配すら見せなかった。しかし、それだからこそ支持された。

その背景には、前述したように視聴者の側でのツッコミ的なテレビの見方がこの時期急速に共有されていったことがあるだろう。「吉田君のお父さん」は、視聴者によるツッコミを前提にすることではじめて面白いと感じられるタイプの「素人」だった。

その際、視聴者の先導役となったのがビートたけしだった。牛とその男性が初登場した際、「リハーサルで牛を連れている飼い主の素朴なキャラを見抜いた」たけしが、「本番でその牛を「吉田くん」、飼い主を「吉田くんのお父さん」とアドリブで命名した」のだった（注：三宅恵介『ひょうきんディレクター、三宅デタガリ恵介です』、一八〇頁）。その意味では、この時点ではまだ一九七〇年代後半において萩本欽一が「素人」を番組中でツッコんでいたのと近い関係がまだ残っていた。

しかし、そうした前時代の名残も徐々に薄れていった。同じくビートたけしが出演した一九八五年スタートの日本テレビ『天才・たけしの元気が出るテレビ!!』（以下、『元気が出るテレビ』と表記）は、その画期となった番組である。

11年余続く長寿番組となった同番組には色々な企画があったが、初期の基本は、たけしが社長という設定の「元気が出る商事」が一般視聴者からの依頼を受けてさまざまな企画やプロジェクトを実現させるというものだった。寂れた商店街の復興や地味なイメージの学校のPRの依頼があると、社員に扮した高田純次らがその場所を訪れ、商店主や学生・生徒など〝素人らしい「素人」〟と面白おかしく絡む様子がVTRになって流される。実際、この番組で取り上げられた商店街が客足を取り戻し、社会現象化したケースもあった。

要するに、現実を巻き込み、動かしていく一種のドキュメンタリー的手法がバラエティのなかに本格的に取り入れられたのである（注：総合演出は伊藤輝夫、現在のテリー伊藤である）。そしてそこには実は、当時テレビに対して巻き起こっていた批判に対する返答という側面があった。

「祭り」への同化

その批判とは、「やらせ」問題についてのものだった。

同じ一九八五年八月二〇日に放送されたテレビ朝日『アフタヌーンショー』の取材VTR「激写！中学生女番長！セックスリンチ全告白」の内容に重大な「やらせ」があったことが発覚し、大問題になった。リンチそのものを担当ディレクターが当事者に頼んでテレビ用にわざとやらせていたのである。ディレクターは逮捕。その結果、当時のテレビ朝日社長が謝罪し、番組は打ち切りとなった（注：伊豫田康弘ほか、前掲書、一三二頁）。

『アフタヌーンショー』は一九六五年に始まったワイドショーの老舗的番組であり、本書でもたびたびふれてきた『木島則夫モーニングショー』からの流れを汲むものだった。それだけにこの事件の与えたショックは計り知れなかった。

『木島則夫モーニングショー』で浅田孝彦が掲げたワイドショー方法論としての「同時性の演出」は、当然「やらせ」を許容するものではなかった。ただ、事実の捏造は決して許されないにしても、たとえばなにかの現場で起こったことを映像にしたいと思ったときに「再現」することは「演出」なのか

「やらせ」なのか、という問いは残るだろう。「演出」と「やらせ」の境界線には微妙なところもある。実際、第1章でふれた吉田直哉演出の「日本人と次郎長」には、賭場の再現シーンがあった。

当然、このようにドキュメンタリー制作の現場などでスタッフは「演出」と「やらせ」の問題についてずっと悩み、葛藤していたに違いない。しかし、視聴者は視聴者の立場で、「演出」と「やらせ」について意識するようになっていた。

そのきっかけのひとつとなったのが、一九七〇年代後半から一九八〇年代にかけてテレビ朝日「水曜スペシャル」の枠で放送されて人気を博した「川口浩探検隊シリーズ」である。俳優の川口浩が探検隊の隊長となり、世界の秘境を探検して「驚異の人食いワニ」や「謎の原始猿人」を発見しようという内容だったが、大仰なナレーションやBGM、わざとらしさが漂う演技がかったセリフ回しなどで、純粋なドキュメンタリーというよりは、お笑い番組を見る感覚で視聴者は楽しんでいた。つまり、ツッコミどころ満載だったわけである。

そうしたなかに、「演出」と「やらせ」の境界の曖昧さをベースにしたツッコミもあった。川口率いる探検隊が人跡未踏の洞窟にまさに足を踏み入れんとしている。ところがその探検隊の姿をカメラが洞窟のなかから捉えている。もちろんそこで視聴者は、「人跡未踏じゃねーよ！」とツッコミを入れるのである。

『アフタヌーンショー』のやらせは先述したように激しく糾弾された。だがもう一方で、この「川口浩探検隊シリーズ」のように、視聴者の側には「演出」と「やらせ」の境界線上で遊ぶ意識も生まれていた。『元気が出るテレビ』は、当時の「やらせ」に対する批判的空気を逆手に取りつつ、すでに視聴者のなかにあった「演出」と「やらせ」をめぐる遊び感覚をさらに発展させるような、いくつかの摩訶不思議な企画を連発する。

たとえば、インドからやってきた神秘の行者という触れ込みの企画「ガンジー・オセロ」。来日した彼は数々の〝奇跡〟を起こす。そして最後には、お台場に三〇〇〇人の群衆を集め、その眼前で謎の巨大生物の卵を残してどこかへ去っていく（注：『天才たけしの元気が出るテレビ‼』、一七四―一八〇頁）。

さらにスケールを増した大がかりな企画が「大仏魂（だいぶっこん）」である。大仏魂とは、中国人能力者によって魂を吹き込まれ、歩くことができるようになった巨大な大仏のこと。東京・明治公園に集まった一〇〇〇〇人の群衆の前に姿を現した大仏魂は、民衆を煩悩から解き放つため全国行脚の旅に出る。その後の番組では、各地を訪れた大仏魂が人々の願いをかなえる様子が放送された。たとえば、東京・江戸川区では、家の前に「かまくら」を作ってほしいと願う家族に大仏魂が念力で雪を降らせ、たちまち「かまくら」を完成させる（注：同書、一九四―一九七頁、二〇四―二〇五頁）。

これらの企画からは、一言「胡散臭い」という感想しか出てこない。もちろん番組側もそれは承知のうえだ。日本語がわからないはずなのに通訳の言葉も待たずに段取り通りに動くガンジー・オセロをすかさず見とがめたりするたけしのツッコミが効いている。また高田純次が脈絡もなくいきなり「3＋7＋5は？」と聞いて大仏魂が真面目に「…15」と答えるところなども、思わず笑ってしまう絶妙の胡散臭さと言っていい(注:同書、一九七頁)。

こうした一連の企画では、すべてが事実であるかのように進行していく。「これはお遊び」というような断りはいっさい入らない。つまり、これらは見方によっては「やらせ」に違いないが、「やらせ」であることを隠そうともしていない。言い方を換えれば、自作自演であることをさらけ出している。

それだけではない。ここで最も重要なのは、そこに一般の視聴者も演者として加担しているという事実である。多い時には一〇〇〇〇人ものひとが集まり、指示されるがままに声を合わせてガンジー・オセロを意味不明の呪文のような言葉で呼び出し、その場でガンジー・オセロや大仏魂が起こす〝奇跡〟に「おおー」などとどよめいてみせる。

そこには、『元気が出るテレビ』の現実を巻き込む手法を十分に理解し、その演出にノッてみせることにためらわなくなった視聴者の姿が可視化されている。「ノリ」がテレビの演者にとって重要なものになったことは前述したが、ここでは芸人やタレント、アナウンサーだけでなく、視聴者もその列に加わっている。それは、一九八〇年代がもたらしたテレビの「祭り」に視聴者が同化する術を身につけたことを物語る瞬間である。

傍観する視聴者、そして「素人」の獲得した自由

だが同時にそれらの企画には、「祭り」を傍観しようとする視聴者の姿もすでに映し出されている。

ガンジー・オセロや大仏魂を目にしようと集まった群衆も、もちろん〝奇跡〟を本気で信じていた

わけではない。たとえば、こんな場面があった。大仏魂を呼び出す中国人能力者に群がる群衆。ところがその能力者が突然奇妙な踊りを舞い始めると、みな笑ってしまっている。それを見て「おい、笑ってるぜみんな」とツッコむたけし(注：同書、一九五頁)。

かつてテレビの草創期に街頭テレビでプロレスを見ようと集まった群衆は、まだ見るだけの存在だった。ところがこの『元気が出るテレビ』では、群衆は演者として番組の一部になっている。そうして視聴者は、テレビの自作自演的「祭り」に協力するようになった。

だが演者でありながら笑っているその姿にうかがえるように、そのうえで目前の事の成り行きを視聴者的感覚で楽しんでいる群衆がいる。いわば、それだけ視聴者は、テレビというものをどんなときにも突き放して見るようになったのである。胡散臭さは、断罪すべき「やらせ」というよりは、ツッコミの欲望を秘かに満足させてくれる点でプラスの価値を新たに帯びるようになる。それは一九八〇年代になって初めて広く共有されるようになった感覚だったと思える。

そのなかでやがて今度は、ガンジー・オセロや大仏魂のポジションに「素人」が座るようになる。つまり〝胡散臭い「素人」〟が登場するのである。ただしそれらの「素人」は胡散臭くもあるが、本人たちに笑わせてやろうとかそうした不純さはいっさい感じられない。その点ガンジー・オセロや大仏魂と同じであり、だからもう一方では愛すべき存在でもある。

『元気が出るテレビ』には、そんなタイプの「素人」もまた数多く登場するようになっていった。

パンチパーマがトレードマークでちょっと強面の「パンチパーマ軍団」を率いる相沢会長、「偉くなくとも正しく生きる」が座右の銘で興奮するとすぐ入れ歯が外れてしまうおじいちゃん・エンペラー吉田などは、本人たちが愚直なまでに真面目であるがゆえに面白く、また愛された。また長髪を立てたヘアースタイル、ド派手なメイクの見た目が強烈なヘビメタのミュージシャンが、のどかな田舎にある実家に里帰りして将来のことを親と話し合う企画などは、胡散臭さと哀愁を同時に感じさせる名企画だった。

こうした「素人」は、ツッコミの対象にならない。むしろツッコんでしまうと、それは野暮な行為であり、こちらの「負け」になってしまう。だから、それまではガンジー・オセロや大仏魂に水を得た魚のようにツッコんでいたたけしも、「素人」にはツッコまなくなっていく。

ガンジー・オセロや大仏魂は、「やらせ」論議を逆手にとってテレビの自作自演の構図をあえてさらけ出すところに眼目があった。だからたけしは、その構図そのものの胡散臭さを遠慮なくツッコむことができた。

しかし〝胡散臭い「素人」〟の場合は、ガンジー・オセロなどとポジションは同じでも、その構図は少なくとも巧みに隠されている。それゆえたとえたけしであっても、ツッコむことは難しい。「素人」の言動や振る舞いから作為的な意図は感じ取れないからである。「しょーがねーなあ」と呆れたように感想を漏らす程度しかできない。

このたけしの新たな立ち位置は、先ほど述べた視聴者の傍観する姿勢とリンクするものでもあっただろう。そしてまたそのとき、『ドバドバ大爆弾』ですでに兆しがあったように、「素人」の演者はプロの芸人の手を離れ、自由を獲得する。『元気が出るテレビ』が始まった一九八五年、そんなプロフェッショナルの代表であった萩本欽一が休養宣言をし、一時テレビから姿を消したことは、それを象徴する出来事だった。

そして一九九〇年代、演者としての「素人」が自由を得るなかで、「ドキュメントバラエティ」と称される新たな潮流が起こる。

「ドキュメントバラエティ」とは、その名の通りバラエティの根幹にドキュメンタリー色を取り入れようというもの。自由になった「素人」のありのままの姿は必然的にドキュメンタリー性を帯びる。それをバラエティとして番組化しようというわけである。したがって、それはプロの芸人がネタを披露して笑いをとる「お笑い番組」とは正反対の方向を目指すようになる。場合によってはバラエティと名乗りながら、笑いという枠を超えたものになる。

『電波少年』というパイオニア

まずその流れは、芸人やタレントを「素人」のポジションに置くかたちで始まった。そのスタイルで画期的な成功を収めたのが、一九九二年にスタートしたドキュメントバラエティのパイオニア的番組である日本テレビ『進め!電波少年』(以下、『電波少年』と表記)である。

最初『電波少年』が注目されたのは、「アポなし」という手法によってであった。レギュラー出演者の松本明子や松村邦洋がマスコミなどで話題になったひとのところに事前のアポイントメントなしで押しかけ、突然無理なお願いをする。たとえば、松本が2m以上の身長のバスケットボール選手のもとを突然訪れ、自分を子どものように「高い高い」をやってくれないかとお願いする、といったようなものである。

そんなほのぼのとしたお願いの一方で、危険と隣り合わせの「アポなし」もあった。松村が、当時社会問題になっていた渋谷にたむろするチーマーを更生させようとセンター街に向かうが、隠しマイクに気づかれてチーマーたちに取り囲まれ這う這うの体で逃げ出すという、あわや事件になりかかった例もあった（注：土屋敏男『電波少年最終回』、一九―二〇頁）

この「アポなし」の基本には、やはりテレビにおける意外性の演出がある。すなわち、なにかハプニングが起こりやすそうな状況を設定し、あとは自然の成り行きでそこに起こる一部始終を映像にとらえようという演出である。ただし「アポなし」では芸能人ではなく「素人」たちを巻き込むケースも少なくないがために、引き起こされる意外性のふり幅は通常よりはるかに大きなものになっている。したがって、松村邦洋とチーマーの場合のように、芸人は時には危険な目に遭いそうになる。言い換えれば、それほど放置された存在になっているのである。

予測不能な意外性を実現するために放置された芸人。そして今度は「アポなし」を仕掛ける側ではなく仕掛けられる側になった芸人。その場合、芸人はいっそう「素人」に近い存在になっている。そんな「アポなし」の発展形のなかで戸惑い、苦闘する姿が注目を浴び、一躍ブームを巻き起こしたのが、一九九六年の企画「猿岩石のユーラシア大陸横断ヒッチハイク」だった。

当時無名だったお笑いコンビ・猿岩石（有吉弘行、森脇和成）が香港から出発してヒッチハイクだけでロンドンに到着するまでの行程をドキュメンタリー風に追ったこの企画は、途中お金がなくなって3日間絶食で過ごす羽目になるなど過酷な体験をしながらも、あきらめずロンドンへと向かう二人の姿が「感動」を呼び、社会現象化するほどの大きな反響を呼んだ。

このとき旅のプロセスの克明な記録を可能にしたのは、カメラの進歩だった。「ハイエイト（引用者注：ソニー製の家庭用ビデオの規格名）の小型ビデオカメラが登場し、片手で持って操作できる小さなものでも、それなりの絵が撮れるようになった」（注：同書、一五二頁）のである。生放送ということではなかったが、カメラの小型化が進むことによって被写体により接近し、画質は鮮明ではなくとも生々しい表情や息遣いをとらえることができるようになった。その意味において前章でもふれた「現場」の拡張は、微視的な次元にまで及んだのである。小型ビデオカメラの存在は、「感動」を機器の側面から支えたものだったと言えるだろう。

だがこの企画はドキュメンタリーや紀行番組でもなく、あくまでバラエティである。では、その娯楽性はどのようなかたちで確保されているのか？

それは、企画の骨格にあるゲーム性によってである。猿岩石にとって、ロンドンへ行く必然性も、ましてやそこまでヒッチハイクしばりで行かなければならない理由もない。ではなぜそうするかと言えば、それが番組の定めたゲームのルールであるという、その一点によっている。だから私たちは、猿岩石の二人の奮闘を少し遠いところから純粋に楽しみながら見守ることができるのである（ゲームという前提があったがゆえに、後日途中を飛行機で移動した疑惑が報じられた際も世間はほとんど関心を示さなかったと見ることができる)。

つまり、ここで視聴者は、〝「現場」の傍観者〟になっている。その立ち位置は、猿岩石の二人に同行しているディレクターのそれに近い。いうまでもなく、猿岩石の〝二人きりの旅〟のすぐそばには、前述の小型ビデオカメラで彼らを撮っているディレクターがいる。その存在は、ゲームの設定上は消去されている。しかし、そのような近くもあり遠くもある距離感を状況に応じて選択できる立ち位置を得ることによって、視聴者は二人の頑張りに共鳴して「感動」することも、傍観者のようにゲームを楽しむことも自由に選ぶことができる。その点において、視聴者は「見る権利」の幅を広げたのである。

放置される「素人」がもたらす「感動」

しかし、そこからさらに「素人」に近い芸人ではなく本当の「素人」が主役になるとき、「感動」とゲームのバランスは難しいものになる。

まず確認しておきたいのは、猿岩石の場合にしても、「感動」はあくまで自作自演的なものだということだ。

たとえば、いよいよロンドンでゴールとなった際、その日は特別に生放送になった。そして放送時間内に二人は見事にゴールしたのである。ドキュメンタリーであることを重視するならば、そこに自作自演的な「やらせ」を感じ取っても不思議ではない。だが実際の視聴者の反応は、そうならなかった。むしろそんな予定調和な結末でも視聴者は十分に「感動」したのである。その後、猿岩石がヒッチハイク旅を思い出させる「白い雲のように」を歌って大ヒットを飛ばしたことがその証しだろう。

そこには、わかりやすく表面には出てこない、それだけ巧妙に、またある意味で狡猾になったテレビと視聴者の共犯関係がある。もはや目に見えるかたちでは『元気が出るテレビ』のビートたけしのようなツッコミ役の姿はない。予定調和の「感動」にツッコミの余地があることは、すでにテレビと視聴者のあいだの暗黙の了解となっている。だからあえてそこにツッコんでみても、それはテレビというものを「わかっていない」ことになってしまう。

そしてそのような共犯関係は、ドキュメントバラエティにおいて芸人ではなく「素人」がメインになる場合、いっそう見えにくいものになる。なぜなら、その場合はヒッチハイク旅のような現実離れしたかたちのゲームではなく、主として「素人」の人生そのものをゲーム化することになるからだ。そうなったとき、一方では芸人がメインの場合以上に不確定要素が前面に出るようになり、予定調和の構図自体が不安定なものになる。だがその分、そこにはよりリアルな「感動」がもたらされる可能性も大きくなる。

一九九〇年代後半から二〇〇〇年代に入ったあたりは、そのような「素人」メインのドキュメントバラエティが全盛を迎えた時期である。

「未来日記」はそのひとつだ。『ウンナンのホントコ！』（ＴＢＳテレビ系、一九九八年放送開始）の企画で、オーディションで選ばれた互いに面識のない男女一人ずつが番組の用意した日記の通りに行動しなければならないなかで、二人のあいだに起こる心情の変化をカメラが追いかける。恋愛ストーリーとして基本の筋書きは決まっているが、その都度の具体的なセリフや振る舞いは当人に委ねられている。そのなかで当然、相手に対して本当に恋愛感情を抱く場合もある。しかし、日記の最後は別れる結末に決まっている。だがだからこそ、そこに生まれる「素人」のこころの葛藤やあふれる思いが視聴者の「感動」を呼ぶ。

要するに、ここではゲームそのもののクリアではなく、筋書きからはみ出るリアルな感情の発露のほうが重要なものになっている。その意味では、笑いよりも「感動」という側面がより強くなっている。前章でふれた一九七〇年代の一連の恋愛バラエティでは、恋愛はゲームであることが前面に出ていた。「フィーリングカップル」や『ラブアタック!』がそうだったように告白はゲームであり、それが失敗したとしても笑いに転化する仕組みになっていた。

一九八〇年代後半になると、そんな視聴者参加の恋愛バラエティに新たな展開が生まれる。一九八七年に始まった『ねるとん紅鯨団』(フジテレビ)である。この番組は「フィーリングカップル」のような集団見合い形式の恋愛バラエティの基本を踏まえてはいたが、そこに「感動」の要素を加えた点で新しかった。

司会のとんねるずは、毎回ひとりの男性参加者をピックアップする。それは多くの場合、異性相手にうまく立ち回れず恋愛に不器用な男性である。その彼にとんねるずの二人は親身になって助言を送るなど手助けをする。番組のクライマックスのひとつは、その男性の告白の場面である。彼の人間性とそれまでの経緯を知っている視聴者は自ずとその男性に肩入れするようになっているがゆえにその結果に一喜一憂し、競合相手がいたのに告白が成功したときなどは「感動」することになる。

それに対し、「未来日記」では出演する「素人」に対する私たち視聴者の立ち位置は、もう少し距離を置いたものになっている。もちろん多くのひとが体験してもいるだろう〝叶わぬ恋愛〟の当事者にされる「素人」に感情移入するひとも少なくないに違いない。しかしもう一方で、そこには心理実験の趣もある。そこでは出演する二人は観察の対象であり、その点での視聴者は傍観者として彼と彼女の振る舞いを見つめてもいる。

ところがさらに、「素人」のあふれ出る感情や欲望が視聴者にとって常識の範疇を超えるほど過剰なものになると、その「素人」は視聴者から傍観どころか放置される対象になる。それは同時に、ますます自由になった「素人」の悪ノリの始まりである。

その一例として、『ねるとん紅鯨団』と同じくとんねるずが司会をした視聴者参加の恋愛バラエティ『ねる様の踏み絵』（TBSテレビ系、一九九五年放送開始）がある。この番組では、さまざまな問題を抱えた交際中の素人カップルが何組か登場し、もしその気になればその場で交際相手を変えて構わない。いわば〝公開スワップ〟である。

それはやはり「悪ノリ」としか形容しようのないものだ。ふだんは常識や世間体によって抑えられているはずのむき出しの感情や欲望がさらけ出されている。もちろんそんな「素人」の身もふたもない振る舞いに嫌悪感を抱く視聴者もいるだろう。

しかしもう一方で、そうしたむき出しの感情や欲望が「本気（マジ）」モードに変換されて、視聴者に「感動」をもたらす原動力になる場合もある。

代表的ドキュメントバラエティのひとつ『ガチンコ！』（ＴＢＳテレビ系、一九九九年放送開始）の人気企画「ガチンコファイトクラブ」がまさにそうだった。

そこに集った若者たちは、三ヶ月後のプロボクシングのライセンステスト合格を目指してトレーニングに打ち込む。基本的には期限の決められたゲームではあるが、テスト自体は現実に存在するものであり、必ず合格するとは限らない。その意味では予定調和的に合格という「感動」が用意されているわけではない。

その代わりにここで重要になるのは、合格するかどうかの結果よりもむしろそこにいたるプロセスのほうである。参加する若者の多くは手の付けられない不良であったなどの前歴の持ち主であり、他人と協調するとか我慢してトレーニングを続けるとかがきわめて苦手だ。だからちょっとした出来事で突然ケンカが始まったり、トレーナーに反発してつかみかかったりする。そしてたびたび企画の続行は不可能かと思わせるような修羅場になる。

その時点では、視聴者は当の若者に共感するわけにもいかず、ただ彼らを放置するように眺めているしかない。だがその若者がそうしたむき出しの感情の吐露をきっかけに「本気」でトレーニングに打ち込むようになるとき、視聴者は彼を応援するようになる。その気持ちは、たとえ彼がプロテストに不合格になったとしても損なわれることはない。

自作自演の完成?

結局そこでは、ゲーム性がほとんど意味を持たないものになっている。したがって、ゲームであることによって維持されていたバラエティとしての枠組みもほとんど見えなくなり、果たしてそれをバラエティと呼んでよいのかどうかも怪しく感じられるようになっている。

前章で引いたように、村木良彦は「すべてはドキュメンタリーである」と喝破した。ここまで見てきたドキュメントバラエティの展開が示している事態もその言葉を裏付けているように見える。村木は『夫婦善哉』のようなベタなバラエティにもドキュメンタリー性があると主張したが、ここではバラエティというジャンル自体がドキュメンタリーに完全に身を委ねようとしているかに見える。

しかし、実はそれは逆だったのかもしれない。ドキュメントバラエティが目指したのは、予定調和ではないふりをする予定調和、ドキュメンタリーのふりをするバラエティだったのではあるまいか?

そうであったとすれば、二〇〇〇年代に入ろうとするこの時期、テレビの自作自演は完成を迎えたことになる。つまり、わざわざハプニングが起こりそうな状況をわかりやすく設定したり、現実のなかにことさらゲーム性を導入したりせずとも、「素人」たちが自分の意思でやったことがハプニングとなり、「感動」の源泉となってくれる。そこから見る限り、現実そのものが自作自演的に展開するものになったのである。

もちろんそう断言してしまうのは行き過ぎだろう。テレビはいまも変わらず続いているように映る。とはいえ、二〇〇〇年代以降のテレビが、自らの自作自演的習性に対してきわめて屈折した意識を持たざるを得なくなったのは確かだ。それはおそらく視聴者においても変わらない。要するに、テレビと視聴者の共犯関係はますます屈折したものになり、場合によっては関係そのものがこじれ、崩壊の危機に直面するようになるのである。そしてそこには、テレビのライバルでもあり協力者でもあるようなインターネットの存在が大きく影を落としている。

次章では、そんな自作自演の現在に目を向けてみたい。

第4章　自作自演の現在――二〇〇〇～二〇一〇年代の困難

1　視聴者言語の「見える」化――2ちゃんねるからSNSへ

フリとボケ

前章で見たように、一九九〇年代、「見る権利」に目覚めた視聴者は、テレビのなかで起こっていることにツッコむだけでなく、事態を傍観し、さらには放置する傾向を強めていった。ただしそれは斜に構えて冷笑する態度とイコールではない。そういう面もないではないが、むしろテレビを見て心の底から笑ったり、感動したりしたいがためなのだ。笑いと感動は表面的には必ずしも両立しないが、視聴者が味わうこころの高ぶり、序章で使った表現で言えば「盛り上がり」という点では根は同じと言える。前章の終わりで見たドキュメントバラエティというジャンルの勃興は、そのような視聴者の嗜好の変化に応えたものでもあっただろう。

そうした変化を理解するためには、お笑いのパターンにおける「フリとボケ」をイメージするのがいいかもしれない。そこでは明確なツッコミはない。ボケがあってツッコミがあるのが「ボケとツッコミ」だとしたらその逆で、フリがあってボケがある。たとえば、物まねが得意なひとに向かって「○○さんですよね？」のように言って、その物まねネタをやるよう素早く促すのがフリである。

それは、ここまで再三述べてきたテレビの意外性の演出にも似ている。フリとは、なにか意外なこと、ひいては驚くこと、興奮すること、面白いことなどが起こる状況を言葉によって設定することだからである。要するに、視聴者がディレクターのような振る舞いを普通にするようになった。そこには、『電波少年』にダースベイダーのテーマで登場していたT部長こと演出の土屋敏男のように、ディレクターが演者に無茶ブリする様子を見て学習した面もあるだろう。

二〇〇〇年代以降も、そのような傾向は続いている。現在でも芸人なり「素人」なり演者に対してさまざまな試練を与え、笑いの要素を随所に交えつつ奮闘の一部始終を見せるタイプのテレビ番組は枚挙にいとまがない。しかもそこでは、ディレクターの声がして指示というよりはフリ（無茶ブリ）をするパターンも定番化している。二〇一八年現在、最も視聴率を稼ぐバラエティ番組である日本テレビ『世界の果てまでイッテＱ！』でブレークしたイモトアヤコの登山企画などは典型的だ。

視聴者言語と2ちゃんねる

だがもう一方で、二〇〇〇年代以降の新しい現象もある。視聴者の「見る権利」の行使が、より「見える」ものになったことだ。

それまでずっと、お茶の間で語られる番組への感想は、翌日の学校や職場で語り合うようなことはあったにしても基本的には家族以外の人間に共有されることのない、その場限りのものだったはずだ。ところが二〇〇〇年代に入ろうとする頃から、視聴者言語、すなわち視聴者が語る感想などはごく当たり前に可視化され、広く共有されるようになる。それを可能にしたのが、一九九〇年代中盤以降急速に普及し始めたインターネットだった。

一九九九年、西村博之というひとりの男性が新たなネット掲示板を立ち上げた。その名は「2ちゃんねる」（注：管理権限の移転に伴う問題によって現在は「5ちゃんねる」へと名称が変更されているが、掲示板の性質自体は変わっていないこともあるのでここでは便宜上「2ちゃんねる」で統一する）。命名の由来はいくつかあるようだが、そのなかにテレビと関連したものもある。かつてのアナログテレビでは、2チャンネルはゲームやビデオなどの外部機器からの映像を見るために使われていた。そのことと重ね合わせて、「2ちゃんねる」というネーミングには「テレビのもうひとつの扉」という意味合いが込められていた（注：インターネット協会監『インターネット白書2001』、二〇四―二〇五頁）。つまり2ちゃんねるの発想の原点には、テレビとネットの接続がイメージされていたことになる。

その具現化とも言えるのが、2ちゃんねるの掲示板カテゴリーのひとつ「実況ch」である。その名の通り、さまざまなものを実況するための掲示板をまとめたものだ。そしてそのなかに、テレビ番組を実況するための掲示板も集められている。NHKや民放地上波キー局を例にとれば、「番組ch（NHK）」「番組ch（NTV）」「番組ch（TBS）」など全局分の掲示板があり、各局で放送されている番組をリアルタイムで見ながらユーザーが常時書き込みを行っている。細かな変遷はあるが、現在のかたちになったのはだいたい二〇〇〇年代前半のことだ。

これらの「番組ch」掲示板は、いわば視聴者が集うバーチャルコミュニティである。それはかつてテレビの司会者がよく「お茶の間の皆さま」と画面の向こうから語りかけてきたように、ある種の〝お茶の間〟を形成していると言えるのかもしれない。

ただ、そこに厳密な意味でバーチャルな「家庭」が生まれているかというと、おそらく違うだろう。なによりもまず、2ちゃんねるは原則的に匿名によるコミュニケーションの場であり、そこが現実の家庭と大きく異なる。当の書き込みをどういう素性の人物がしたのかは、最終的にはわからない。たとえ当人が性別、年齢、職業などを書き込みのなかで申告したとしてもそこには必ず疑いの余地が残るし、実際額面通りに受け取られることは少ない。

それを隠れ蓑にするなら、匿名であることは自制心の枷を取り払い、誹謗中傷や過激な下ネタ、場合によっては差別的な言辞を生む遠因となる。そこまで行かなくとも、日ごろのうっ憤を晴らすためだけのような罵詈雑言が書き込まれているケースも多い。そうした印象から、2ちゃんねるに対してネガティブなイメージを抱くひとも少なくない。

しかし2ちゃんねる特有の文化は、匿名性を条件に発展した側面もある。

2ちゃんねる独特のスラングや文体、AA（「アスキーアート」の略。文字や記号を使って表現された顔などの絵）などの書き込みはその一端だ。そこには独自の遊びの文化が根付いている。時には「ンゴ」（「これ、うまいンゴ」のように使う）という2ちゃんねる発祥の語尾の言い回しが二〇一七年に若い女性中心に突如流行したように、社会的影響力も秘めている。

また2ちゃんねるにおいてコミュニケーションが匿名で進められることによって、現実社会では難しいフラットな関係性が築かれやすくなり、その結果ある種の互助精神がユーザー間で発揮される面もある。

二〇〇四年頃から一大ブームとなった「電車男」はその好例だろう。「独身男性」板を舞台に多くの見知らぬユーザーからアドバイスや応援を受けながらオタク青年が純愛を成就させていく話は、事実かネタかという匿名のコミュニケーションにつきまとう論争を巻き起こしながらも、独特の「感動」を呼んで話題になった。

その意味では、2ちゃんねるは、「家庭」というよりもむしろ、見知らぬ者同士が集い、思い思いに過ごしながら気が向けば会話も交わす「広場」であろう。そこには決まったハンドルネームをつけている「コテハン」(「固定ハンドルネーム」の略)と呼ばれる常連もいる。時にはしつこく話しかけてきたり、絡んできたりするようなひともいる。だが、基本的には個々のスタイルが尊重される和気藹々とした空間である。

さらにはこの「広場」では、しばしば「祭り」がある。ユーザーが自由に参加して盛り上がる現象である。そこにもやはり、悪ノリとしか言いようのない度を越したものもないではない。また自然発生的なものもあれば、恒例化したものもある。

後者で有名なのは、「バルス」祭りだろう。ジブリアニメ『天空の城ラピュタ』がテレビで放送される際、作品のクライマックス場面で唱えられる滅びの呪文「バルス」のタイミングに合わせて、2ちゃんねるで実況しているユーザーが同じく「バルス」と一斉に書き込む。すると短時間に書き込みが集中するためにサーバーが耐え切れなくなってダウンし、一瞬書き込みができなくなる。「鯖落ち」と呼ばれる現象である。「バルス」祭りは、「鯖落ち」の非日常感を味わうものにもなっている(注：二〇一六年一月一五日の放送では、通常一つのスレッドには一〇〇〇レスまでしか書き込めないが、運営側も二〇〇〇〇レスまで書き込める仕様にしてその時に備えた。だが、それでもサーバーがダウンした)。

視聴者もまた「実況」する

しかしながら、2ちゃんねるの「実況ch」に集うユーザーの多くは「祭り」だけを求めているわけではなく、ごく日常的な習慣として掲示板を訪れ書き込んでいる。しかもその場合、テレビを見る行為には「鑑賞」以上のニュアンスがある。それは、すでにお気づきのように、掲示板に書き込む行為をことさら「実況」と称しているところに端的に表れている。

ここまで折に触れて述べてきたように、一九七〇年代後半以降、実況はテレビの自作自演を構成する重要な一部になった。目の前に起こっていることを正確に客観描写するだけが実況ではない。その状況に言葉を通じて関与することによってストーリーやハプニングの一部に自らなることもまた「実況」なのである。古舘伊知郎のプロレス実況はそのような関与型実況の原点であり、ひな型にもなった。

2ちゃんねるの実況とは、そのような自作自演的実況のスタイルが視聴者の語りにまで広く浸透した結果と言えるだろう。例えていうなら、２ちゃんねるという「広場」に置かれた街頭テレビのプロレスを見ようと集まった視聴者が、そのまま自作自演的な演者になったようなものである。

では、２ちゃんねるの実況は、どのような点で自作自演的なのか？

それはまず、テレビを見たときの反応が書き込みというかたちで「見える」化したことそのものの効果としてである。

たとえば、待ち構えていた人物や場面に遭遇したときの「ｷﾀ━━(゜∀゜)━━!!」のような書き込み、笑いを示す「www」や「草」（アルファベットのｗを草のかたちと見立て、漢字で代替したもの）のような書き込みは、そのひとつだ。それらは、テレビの前で視聴者が現実にしている反応を書き言葉化したものである。ただ意味合いは同じでも、それによってテレビを見ているときの自分の盛り上がりぶりがリアルタイムで不特定多数の他者に「見える」ものになる点が異なる。しかもその場合、さまざまな記号やＡＡ《アスキーアート》が頻繁に使用されるところにパフォーマンス感覚が入っている。言い換えれば、それらの書き込みは、番組を見ての反応を客観的に描写しつつ、そこに演者的に関与している。

ただこうした書き込みは、基本的にはまだテレビに対して受け身のもの、条件反射的反応にすぎない。もう一方で、２ちゃんねるの実況の書き込みには、もっと批評的なものも少なくない。

たとえば、現在見ている番組の出演者への批評はよく目にするものだ。そこでは匿名ゆえの根拠のない、ゴシップなどに基づくステレオタイプなバッシングに属するものも多いが、思わず納得させられる卓抜な人物評や笑いのネタ評、ドラマ評などが書きこまれることもある。また誰かが番組を見て発した作品上の疑問に対して別の誰かが知識に基づいて親切に答えるといったやりとりが行われることも珍しくない。

そうしたなかで注目したいのはやはり、テレビの自作自演を指摘する書き込みである。

バラエティの旅番組で、いかにもタイミングよくユニークな人物や飲食店などの有益な情報を持つ人物に出会ったとする。するとすかさず2ちゃんねるには「はい仕込み」といったような自作自演の可能性を指摘する書き込みがなされる。

いうまでもなくそれは、一九八〇年代以来視聴者が身につけたツッコミのバリエーションのひとつである。旅バラエティのなかには「仕込みなし」とわざわざ強調する番組も多い。もちろんそれは「だから予想外の展開があって面白い」という番組からのアピールでもあるのだが、テレビの自作自演性、作為的なわざとらしさに敏感になった視聴者は、そのアピールを額面通り受け取らずフリ、あるいはボケとしてとらえるようになる。その結果が、「はい仕込み」というようなツッコミ的書き込みになるのである。

したがって笑いに関する文脈が共有されている限り、本当に仕込みかどうかは検証されない。より正確に言えば、検証される必要がない。

むろんそれは番組のジャンルにもよる。報道やドキュメンタリーにおいて度を超えた仕込み、ひいては「やらせ」と思えるようなことがあれば、それは大問題になり、ケースによっては「祭り」になる。だがそうした場合を除いて、仕込みの可能性に嫌悪感は示しても、本当に告発することはない。

その背景には、先ほどふれたように2ちゃんねるの実況というパフォーマンスのレベルにおいてだけでなく、2ちゃんねるのユーザーであること自体がすでに潜在的には自作自演的な演者だということがある。

2ちゃんねるでは原則的に書き込みする一人ひとりにIDが付与され、そのひとが複数回書き込んでも同一人物の書き込みであることがわかる仕組みになっている。すなわち、匿名ではあるが、書き込み主に対する紐付けはされている。

ところがなかにはそれを逆用して、IDが変わるように操作して自分の書き込みに対してあたかも他人が肯定的なレス（返信）をしたように装う場合がある。ところがなかにはミスをして同じIDのままレスする場合がある。つまり、自作自演であることがばれてしまう。するとそれを見咎めたひとが「ひどい自演を見た」と書き込んだりする。

要するに、2ちゃんねるそのものが匿名という条件のもと常に自作自演の可能性を秘めている場なのである。それゆえ、テレビの自作自演性を正面から批判することは、2ちゃんねる自身に跳ね返ってくる危険性を伴う。平たく言えば、テレビと2ちゃんねるは似た者同士なのである。

そこから今度は、2ちゃんねるの実況が自らテレビであるかのように振る舞う流れも生まれてくる。2ちゃんねるで行われている実況は、テレビ番組だけでなく世にあるさまざまなものを対象にしている。そうした実況のスレッドは、「なんでも実況」と名付けられた板などに存在している。

たとえば、野球をはじめとしたスポーツの試合や大きな事件の実況がある。これらの場合テレビ中継などマスメディアからの情報に頼っている部分が大きいが、テレビの現場リポーターよろしくその会場や現場にいるユーザーからの書き込みなども混ざり、独自の展開を見せることもある。

その一方で「なんでも実況」には、共通する好きなゲームやアイドルについて語るスレッドが日常的に立っている。それらはリアルタイムの実況というよりも、そのゲームやアイドルについての雑談という面が強く、のんびりとした進行速度になることが多い。

こうして「実況」という名の下にあらゆる分野の出来事やテーマを並列的に扱うスタイルは、テレビの「情報」化の構図と似ている。かつて『ズームイン!朝!!』が東京中心のニュース間の序列をなくし、さまざまなニュースを同等に扱ったのと同様の構図がそこにはある。2ちゃんねるでもまた、世の中のありとあらゆる事象は一般的なニュースバリューの多寡とは無関係に「実況」の対象になるのである。

そしてその延長線上に、究極の形として〝自分を実況する〟人々が生まれる。

「なんでも実況」の掲示板には、「大学さぼり部」「筋トレ部」のようなスレッドが常に立ち、同じ境遇や趣味のひとたちが自らの日常を書き込み合う光景が見られる。雑談的な側面もあるが、むしろそれぞれが自分の暇な一日の様子や現時点のトレーニングの成果などを報告し合っている。すなわち、自分で自分を「実況」しているのである。

こうして2ちゃんねるが拠点となって「見える」化した視聴者言語は、テレビに対して批評的な目を向けるだけでなく、テレビのように自分自身を「実況」するようになったのである。

ハッシュタグの効用

一方、二〇〇〇年代後半頃から、SNS（ソーシャル・ネットワーキング・サービス）と総称されるさまざまなサービスが急速に普及し始める。いまなお群雄割拠の様相を呈しているが、なかでも2ちゃんねると同じく視聴者言語の「見える」化という観点からここで取り上げたいのは、Twitter である。

二〇〇六年にアメリカでサービスを開始した Twitter の日本語版が利用できるようになったのが二〇〇八年のこと。二〇一六年二月に Twitter Japan が公表したデータでは、二〇一五年一二月の月間アクティブユーザーが三五〇〇万人。これは全世界のユーザーの約一割にあたる。また二〇一一年三月の数字と比較すると五・二倍。これは世界トップの増加率だったと言う（注：「Twitter が国内ユーザ数を初公表「増加率は世界一」」The Huffington Post、二〇一六年二月一八日付）。要するに、日本人は、世界的に見てもかなりの Twitter 好きということになる。

その理由はなにか？　ひとつ考えられるのは、Twitter の仕様が私たちの慣れ親しんだ社会、つまり日本社会のシミュラークルを構築しやすいものだったのではないか、ということだ。

Facebook などは、実名が基本のため躊躇する日本人が少なくなかったというような話がある。Twitter も実名でアカウントを作成できる仕様になっているし、また有名人などは当人であることが公式に認証される仕組みもできている。実際、欧米では実名でアカウントを持つひとが多いらしい。ところが日本では、匿名アカウントが多いという（注：「日本で Twitter を普及させた第一人者が語る、『Twitter のこれまでの10年と今後』ソーシャルメディアラボ、二〇一六年六月三日付）。つまり、日本の Twitter

は、実名と匿名が併存する空間であり、なおかつ匿名でつぶやくひとが多い。

実名と匿名が併存するTwitterの空間、それは建前と本音が共存する日本社会に通じるように思える。

必ずそうだというわけではないが、Twitterの実名コミュニケーションにおいては、あまり他人を批判したり、ましてや中傷したりするようなつぶやきは見られない。むしろ、当たり障りのない穏便なつぶやきのほうが普通であるように思える。その点まさに相互の体面を重んじるような、「ソーシャル」の意味のひとつである「社交」の空間になっている。

それに対し、匿名のアカウントのつぶやきでは歯に衣着せぬつぶやきが多くなる。プロフィール欄にも「毒を吐きます」というような断りをわざわざ入れている匿名アカウントも散見される。あるいはそういうつぶやきを見たくないであろうユーザーに対して「ブロック（そのひとの書き込みを見えなくする設定）推奨」とご親切に付け加えているようなアカウントもある。

こうしてTwitter上には、日本社会に暮らす者ならばよく知っている本音と建前の二面性からなる社会の代替物、すなわちシミュラークルが生まれる。ただし現実社会では本音は基本的に隠されているものだが、Twitterでは設定によって範囲を限定しない限り、本音のつぶやきも原則的にあらゆる人びとに公開される。そこが根本的に違う。先ほどふれた「毒を吐きます」という宣言は、その違いを踏まえたうえでの弁解の先取りという側面もある。

だからTwitterでは「祭り」もなくはないが、「炎上」のほうが日常的に目立つ。もちろん社会的常識やルールをあまりに逸脱したつぶやきはそうなるのが必然だが（ただし、どのくらい逸脱すれば駄目なのかは明確に決まってはいないので、解釈する側のさじ加減次第のところは残る）、本人は軽い本音のつもりで発したにすぎなかったつぶやきが〝誤解〟され、痛烈なバッシングを受けることも起こる。それは、現実では裏でしか語られない本音を半ば表で語ることに伴う代価（コスト）である。

少し前置きが長くなったが、このような日本社会のシミュラークル的空間のなかで、テレビ番組の「実況」は、やはり2ちゃんねると同様に常時行われている。Twitterでは、そのときのツイートの多いトピックが「日本のトレンド」として表示されるが、そこにはかなりの頻度で現在放送中のテレビ番組名が挙がる。

その際、重要な役割を担うのがハッシュタグである。単語やフレーズなどの前に「#」をつけてつぶやきに添付されるハッシュタグでは、たとえばテレビ番組名のハッシュタグで検索すれば、その番組についてのつぶやきが自分のタイムライン（画面）上にリアルタイムで表示される仕組みになっている。

要するにハッシュタグは、2ちゃんねるの「実況」におけるスレッドに相当するものを形成する役目を果たす。それによって、番組についてのツイートをユーザー間で共有することが可能になるのである。そして強く共感したツイートがあれば、2ちゃんねると同様返信することによってツイートの主とやり取り（会話）することも可能だ。

だが他方で、ハッシュタグのほうが自由度は高い。ハッシュタグは、思いついたら個人ユーザーが簡単に作り、好きなだけ増やしていくことができるからである。好きな単語、たとえばいま番組に出ている好きな芸能人の名に「#」をつけてつぶやけばよい。それに他のユーザーが呼応してつぶやくようになれば、それでその芸能人に特化したまとまりができる。2ちゃんねるでも似たようなことはできるが、もっとフットワークが軽い。

つまり、ハッシュタグは個人の意思によるコントロールが比較的しやすい。ハッシュタグによって、話題を共有したいひとを自ずと限定することが可能だ。裏を返せば、そうすることによって自分の好きなところだけを見るようにすることができる。完ぺきとはいかないまでも、建前は建前で、本音は本音で棲み分けができるようになるのである。

こうしてハッシュタグは、建前と本音の線引きが曖昧で混ざり合いがちなTwitterにおいて、一時的ではあれその線引きをするための有効な手段になっている。そのことが、同じ匿名でのコミュニケーションという側面があっても2ちゃんねると異なり本音だけが突出しない状況、建前と本音が均衡を保つ状況を生み出している。その意味では、Twitterに集う視聴者が作り出す空間は、2ちゃんねるよりもはるかに〝お茶の間〟に近い。みんなが和気藹々と、だが時にはほどほど辛辣にテレビについて語り合う巨大な〝お茶の間〟を思わせる。

「見える」化によって変わったこと

さて、こうして二〇〇〇年代以降、ネットにおいて視聴者言語は「見える」化してきた。近年は特に、ネットメディアや活字メディアが視聴者のTwitterのつぶやきを素材にニュース記事にすることも増えてきた。そしてそれが〝視聴者の声〟としてテレビなどでも取り上げられる。その意味では、ネットの声があたかも〝世論〟であるかのように映る状況が生まれつつある。ネット視聴者が現実の視聴者を呑み込んだようなかたちである。

そうなっているのは、まずなによりもネットの反応が即時的で素早いからである。

ネットの登場以前だと、視聴者の反応が明らかになるにはかなりのタイムラグがあった。もう少し正確に言えば、視聴率というかたち以外で反応の大きさを測ることは難しかったし、よほどの高視聴率の場合を除いて視聴率の数字があまり一般に流布することはなかった。さらに言うなら、視聴率だけを見ても、視聴者がどのような具体的感想を抱いたかを知ることはできなかった。新聞のテレビ欄など活字メディアに視聴者の感想が載ることもあるが、そこにはやはりタイムラグがあり、しかもごく限られた範囲のものでしかなかった。

ところがネットの登場によって、ほとんどリアルタイムで視聴者の反応を知ることができるようになった。またそれだけではない。SNSの空間において、視聴者は他の視聴者の反応を共有するようにもなった。Twitterで強く支持された（興味を引いた）反応がまたたく間にリツイート（拡散）されて、番組を見ていなかったユーザーの目にまでふれることにもなる。するとそうした反応の広がりと集積が視聴者の番組に対する〝熱〟として受け取られ、ある種の〝世論〟のような扱いを引き起こす。

最近では、そうしたTwitterでの反応の熱気が、視聴率の対抗軸になる重要な番組評価の尺度として認知される傾向も出てきている。視聴率が芳しくなくても、ネットでは毎回トレンドに上がるほどの熱烈な反応を生むドラマなどが好例だ。

たとえば、二〇一六年に放送され社会現象的な人気となったドラマ『逃げるは恥だが役に立つ』(TBSテレビ系)も、当初なかなか視聴率が上がらない状況だった。ところが作品としての面白さはもちろん、主演の新垣結衣や星野源の人気、また星野による主題歌「恋」をBGMに出演者がエンディングで踊る「恋ダンス」の魅力などが合わさってネットでの盛り上がりが回を追うごとに大きくなっていった。そしてその現象がテレビや新聞などマスメディアでも報じられるに至り、初回は10・2%であった視聴率が最終回には20・8%にまで達した。

その後もこうしたテレビとネットの連動は続き、制作者の側でもSNSでの反響をいっそう意識するようになっている。

男性同士の恋愛を描いて話題になった連続ドラマ『おっさんずラブ』(テレビ朝日系、二〇一八年放送)は、Instagramで番組の公式アカウントとは別にドラマの登場人物が開設したという設定の裏アカウントを作り、それが公式アカウント以上のフォロワーを集めるなど、積極的にSNSとの連動を図った。

さらには同ドラマの脚本家・徳尾浩司が、第7話で終了した最終回の翌週に架空の第8話が放送されている体で行われていた〝エア実況〟に参加し、そこに集ったドラマのファンたちを大いに喜ばせた(注:「「おっさんずラブ」架空第8話に脚本家エア実況参加」日刊スポーツ、二〇一八年六月一〇日付)。似たことは、熱狂的ファンの多いタイプの他のドラマにも見られる。放送自体は存在しないのに、ネットの実況が想像上の物語の続きを描いていくこの「逆立ち」現象は、現在のネット視聴者の声の〝世論〟化が示す勢いを物語るものだろう。

ナンシー関の立ち位置とテレビ批評の行方

ただこのように〝世論〟化した視聴者言語は、必ずしもテレビ批評の成熟には直結しない。むしろその困難を招いているようにも思われる。

現在もテレビ批評のアイコン的存在としてしばしば引き合いに出されるのが、二〇〇二年に亡くなったコラムニストのナンシー関である。一九八〇年代半ばからテレビコラムを書き始めた彼女は、その鋭い観察眼と分析力、そして並外れた文章力で、私たちの考えるテレビ批評の概念を刷新した。ある意味、テレビ批評の歴史はナンシー関登場の以前と以後で大きく変わったと言ってもいいほどだ。

それはなぜか？　ここではその理由として、ナンシー関の批評家としての立ち位置に注目したい。

ナンシー関は、とにかくひたすらテレビを見る。なぜなら彼女は、テレビの画面上で起こっていることのみに依拠することを批評の倫理として選んでいるからである。だからテレビ番組の隅から隅まで目を配る。漫然と見ていたら見逃しそうな、出演者のなにげない一言や表情、やり取りにテレビの本質を浮かび上がらせようとする。その驚異的な〝視力〟が批評のベースにあった。

逆に言えば、そのとき出演者が内心本当はなにを思っていたかとか、そこにどんなテレビ界や芸能界の裏事情があったかとかは、批評において考慮されない。そういう部分を排除したスタンスを徹底することによってはじめて、ナンシー関は批評の主体としてテレビの〝外部〟に立つことができるからだ。いわば彼女は「絶対的視聴者」だった。

そしてそれは同時に、彼女をある種の社会批評家にした。その背景には、本書でこれまで述べてきたテレビと社会の歴史的な関係性があるだろう。繰り返しになるが、一九七〇年代に「社会はテレビである」と言えるような感覚が受容され始めた。テレビとは別個に社会が存在するのではなく、社会はテレビのなかにすっぽり収まっていると言ってしまえるような感覚が私たちのなかに生まれた。そしてその感覚は、一九八〇年代から一九九〇年代になっても存続した。

そのとき、テレビ批評はそのままある種の社会批評になる。ナンシー関のテレビ批評の面白さは、必ずコラムに添えられていたセリフ入りの自作の消しゴム版画のように本質を一言で言い当ててしまう人物評の抜群の切れ味もあったが、もう一方で芸能人や有名人という存在が成り立つ「テレビ＝社会」をめぐる考察の妥協を許さぬ姿勢にもあった。

たとえば、一九九〇年代半ば、ナンシー関が当時売れっ子タレントだった渡辺満里奈について取り上げたコラムがある。

その日『笑っていいとも！』のテレフォンショッキングに出演した渡辺満里奈に対し、タモリがこう話しかけた。「売れてるねぇ。何で売れてんの」。

会話の取っ掛かりとして何の気なしにタモリが言ったこの言葉に、ナンシー関は敏感に反応する。彼女は渡辺満里奈がなぜ売れているのか本当に疑問に思っていたからだ。「渡辺満里奈は何か「うまくいっている」というニュアンスが強い」「「うまくいっている」は「うまくやっている」であり、そこには何か「からくり」がある、という感じがある」。そこからナンシー関は、渡辺満里奈が「おしゃれ系」という世間のコンセンサスを取り付ける戦略についての卓抜な考察を繰り広げていく（注：ナンシー関『聞く猿』、九七―九八頁）。

要するに、普通なら聞き逃してしまうようなタモリの何気ない一言を契機にして、ナンシー関は「渡辺満里奈」というタレントが人気になる状況をひとつの社会構造として考察する。そこでは芸人は「物件」として厳しく査定される。その冷静な観察に基づく考察は、とにかく画面上に起こるすべてのことを取り逃がさない「絶対的視聴者」という立ち位置なしには成立し得ないものだ。

言い方を換えれば、ナンシー関のテレビ批評は、決してお茶の間の視聴者的立ち位置からは出てこない。なぜなら、演者とそれを支持するお茶の間の関係性そのものをあぶり出すのが、ここでの彼女の批評だからだ。その意味では、「絶対的視聴者」である彼女は孤独な視聴者だ。

そんな彼女の立ち位置は、どちらかと言えば2ちゃんねるの「実況」に近いかもしれない。「実況」に集うユーザーたちも、もとをただせば孤独な視聴者だ。だが他方で、どのようなかたちであれ番組・演者と視聴者との馴れ合い的関係性に安易に同調することを拒否するのがナンシー関の批評家としての倫理である。その点、折に触れてバルス祭りなどにも興じる「実況」のユーザーとのあいだにはやはり無視できない距離がある。

加えてナンシー関の批評にとって、Twitter が提供するコミュニティ的な〝お茶の間〟空間は、2

ちゃんねるよりもさらに距離があるものだろう。それどころか、そのような空間においてナンシー関的な意味でのテレビ批評は、きわめて困難なものになるはずだ。つまり、視聴者言語の「見える」化が進めば進むほど、逆にナンシー関が開拓したようなテレビ批評の言語の居場所は見つけにくくなっていくように思われる。

それは、テレビ番組全般に求められるものの変化と連動した事態だろう。

「「うまくいっている」は「うまくやっている」」であると指摘するナンシー関は、まさにテレビの自作自演的なものを問題にしていた。自然にそうなっているように見えるテレビのなかの成り行きに感じるちょっとした違和感から、彼女はなにかそこに作為が潜んでいると感じ取る。その「からくり」を彼女は解き明かそうとした。そうした意味での批評に私たちが面白さを感じなくなったら、そこにはいかがわしさへの批判的視線を欠いた〝健全な娯楽〟しか残らないだろう。だがTwitterの〝お茶の間〟空間は、そんな健全さを求めているようにも見える。

しかし、テレビの持つ自作自演的習性自体は、メディアとしての性質上そう簡単になくなるものではない。ただ他方で、一九八〇年代から九〇年代にあったような、自作自演をひたすら昂進させていくようなノリには、視聴者はもはや反応してくれなくなっていく。ではどうするか？　そこに、二〇〇〇年代以降のテレビの困難が始まるのである。

2　自己否定する自作自演──「ユルさ」と「ガチ」

掛け値なしの日常

ノリに頼れなくなるとき、テレビはどうしたか？

そのひとつの答えが、新しいタイプの旅番組、そして街歩き番組である。

第2章でも述べたように、性能の良い小型カメラの開発は、ロケ番組の可能性を劇的に広げることになった。日本最初の独立系制作プロダクションであるテレビマンユニオンは、そうしたカメラを使った旅番組『遠くへ行きたい』（一九七〇）をいち早く生み出した。

この番組の旅人は、日本各地を訪れ、地元の人びととふれあい、その土地の慣習や文化を紹介する。それは確かに、現地にいかなければわからないような、地元の日常の暮らしを私たちに教えてくれる。

しかしそこには、視聴者の側の日常と完全に地続きのものというよりは、どこか異文化を眺めるような視線も含まれている。元々この番組は、スポンサーである国鉄（当時）が展開していたキャンペーン「ディスカバー・ジャパン」を受けて企画されたものだった。つまり、旅によって日本の良さを再発見しようという視線、国全体が高度経済成長にまい進するなかで置き忘れてしまった古き良きものを再発見しようというノスタルジーの要素が『遠くへ行きたい』にはあった。

そのように美化されることのない〝掛け値なしの日常〟。それが旅番組のコンセプトとしてはっきりし始めるのは、一九九〇年代中盤になってからのことである。

一九九五年に、NHK『鶴瓶の家族に乾杯』（以下、『家族に乾杯』と表記）がスタートする。いまも続く長寿番組なので改めて説明の必要もないだろうが、笑福亭鶴瓶と回替わりのゲストが全国のさまざまな土地を訪れ、街をぶらぶら歩きながら人々と交流する。そこだけを取れば、『遠くへ行きたい』と変わらないコンセプトと言える。

だが両番組のあいだに違いはある。それを知るヒントになるのが、『家族に乾杯』の冒頭で毎回表示される「この番組は鶴瓶さんとゲストがステキな家族を求めて日本中をめぐるぶっつけ本番の旅番組です」という言葉だ。そして画面の「ぶっつけ本番」のところは太字になっている。

ここでポイントは、なぜわざわざ「ぶっつけ本番」と強調されなければならないのか、という点である。

『家族に乾杯』では、鶴瓶もゲストも自分の直感と成り行きにまかせて自由に歩き回る。だがそれにもかかわらず、途中で小さな〝奇跡〟がしばしば起こる。たとえば、街歩きの最初のほうで出会ったひとが後々訪問することになる家族の一員だったとか、目的とする場所への行き方を通りすがりのひとに聞くと、そのひとがそこの関係者であったとかいう類いの偶然である。それはまさに、「意外性の演出」もなく意外な出来事が連鎖するという点で、テレビの醍醐味が味わえる瞬間だ。

ところが、先ほども少しふれたように、一九八〇年代以降の視聴者のなかには、それらの〝奇跡〟に対して素直になれない視聴者も少なからずいる。『家族に乾杯』もまた、2ちゃんねるの「番組ch（NHK）」で専用の実況スレッドが立つ人気番組のひとつだ。だがそのような場面があったとき、ストレートに感嘆する書き込みがある一方で、やはり「はい仕込み」「仕込み臭い」「台本通り」などと疑念を書き込む視聴者もいる。

したがって、「ぶっつけ本番」という表現には、そうした斜めから見る視聴者の反応への前もっての返答という側面も感じられる。番組側としては、仕組まれた偶然に思えたとしてもそこにいっさい台本や演出はないことを、先手を打って強調したのが「ぶっつけ本番」の太字表現ということになる。

ただ前節でも書いたように、いくら仕込みを言葉のうえで否定しても視聴者にとっては沈黙する理由にはならない。それゆえ、似たような場面になれば、仕込みを疑う書き込みが必ず繰り返されることになる。そうした視聴者から見れば、「ぶっつけ本番」という宣言さえもフリにすぎないのである。

「ガチ」というモード

もう少し大きくテレビ史的な観点から言うと、『家族に乾杯』の登場は、「ガチ」がテレビの重要なモードになったことを示している。

「ガチ」という言葉は、相撲用語の「ガチンコ」から来たとされる。「ガチンコ」とは真剣勝負のこと、言い換えれば八百長なしの勝負のことである。その後力道山をはじめとして相撲界からプロレスに転身するケースが増えて、プロレスの世界でも使われるようになった。

つまり、「ガチ」とはいわばプロレス的な、そしてテレビ的な自作自演の否定である。『家族に乾杯』で言えば、鶴瓶と地元の人びととの出会いがいかに出来過ぎた偶然のようにしか思えなくても、いっさいそこに演出による作為はない。『家族に乾杯』はそれを「ぶっつけ本番」という表現で宣言しているのである。

テレビが「ガチ」を強調する傾向は、二〇〇〇年代に入るといっそう顕著になった。

二〇〇一年から始まった『M－1グランプリ』（テレビ朝日系）の存在は、その象徴である。ご存じのように、プロ・アマ問わず一定の資格を満たす漫才コンビ（グループ）が予選から参加し、最終的に優勝者一組を決めるこのコンクールは、決勝が生中継されて高視聴率を挙げる人気番組となった。

まず、「とにかく誰が一番面白いかを決める」というそもそものコンセプト自体が、「ガチ」であることをベースにしている。漫才であることや結成年数の条件などはあるが、いずれにしても明確に勝敗、優劣をつけることが前面に出される。「M－1」という呼称も、当時ブームを起こしていた総合格闘技の「K－1」から発想されたものだ。自作自演的なプロレスではなく真剣勝負の格闘技、というわけである。

元々このコンテストは、マンザイブームを知る島田紳助が、漫才という芸能を再興し、守っていこうとして企画したものだった。「素人」が躍動するドキュメントバラエティなどの隆盛を見て、もう一度若手芸人たちの奮起を促したと見ることもできるだろう。

その意味では、『M－1グランプリ』が目指したのは、マンザイブームの熱気を再びということであった。しかし、『THE MANZAI』について述べたところでもふれたように、そこにあったのは観客も巻き込んだ一体感、つまり「祭り」の盛り上がりだった。言い方を換えれば、「笑いの共同体」をベースにしていたのがマンザイブームであり、それは『M－1グランプリ』のように競争原理を前面に押し出したものではなかった。

『M－1グランプリ』の成功した要因は、たとえば「ガチンコファイトクラブ」のネーミングが示していたように、むしろ「素人」が主役のドキュメントバラエティとも共鳴する「ガチ」モードにあった。『M－1』グランプリは時代の流れに抵抗したのではなく、むしろその逆だったのである。

「格差」を取り込むテレビ

ここでいったん、当時の世の中の動きに目を向けてみたい。

『家族に乾杯』が始まった一九九五年は、世相のうえでもターニングポイントとなるような大きな出来事が起こった年として記憶されている。一月の阪神・淡路大震災、三月の地下鉄サリン事件。この二つは、一方が地震による災害、もう一方が無差別テロと本来出来事としては同列に語れないものだ。しかしいずれも、ずっと変わりなく続いていくのが当然と思っていた日常が突然足元から崩れ去るような感覚に襲われる体験という意味では共通していた。

ここでいう「日常」とは、戦後日本社会が高度経済成長の達成などを通じて築き上げてきた意識としての〝一億総中流〟と表裏一体のものである。もちろんそれは、一九九〇年代初頭のバブル崩壊によってすでに大きく揺らいでいた。しかし、それはまだ多くの日本人にとって株価や不動産価格の暴落などの話に限定された対岸の火事のようなところがあった。

ところが一九九五年に起こったことは、私たちの〝一億総中流〟的日常はいつでも一瞬にして壊れてしまうのだという危機感を抱かせるに十分だった。その意味で、それらは本当の意味で「昭和」の終わりを感じさせる出来事でもあった。

そして二〇〇〇年代、「格差」がキーワードになる。〝一億総中流〟的な意識が完全に消えてしまうことはなかったが、そこに競争原理を是とするような序列意識がさまざまなかたちで割り込んでくるようになる。

「格差社会」が、『現代用語の基礎知識』が選ぶ「新語・流行語大賞」のトップテンに入ったのが二〇〇六年。所得だけでなく、職業や教育の面での格差も指摘されるようになった。個人所得の格差は努力や能力によって克服可能かもしれないが、親の職業による社会的地位や経済力の格差、その影響による子どもが受けられる教育の格差などは、個人の力だけではどうしようもないものとして感じ取れるようになった。

同時に、「勝ち組」「負け組」というワードもメディアを賑わせるようになる。発端は、二〇〇三年に発売されベストセラーになったエッセイスト・酒井順子の著書『負け犬の遠吠え』からとされる。ただ、酒井の「負け犬」は、結婚できない自分たちのことをそう呼んだもので、自虐的なツッコミのニュアンスが多分にあった。ところが世間で流布した「勝ち組」「負け組」は、自虐にある一種の味わいを完全に削ぎ落した冷徹なものになっていた。

以上のような時代の流れのなかで、一九七〇年代に始まり、その後も続いてきた「テレビは社会である」という図式もまた崩れた。テレビと社会の一体感、さらに言うなら社会のすべてがテレビのなかにすっぽり入っているかのような感覚はリアリティを失った。テレビと社会は乖離し、テレビは新たに「格差社会」と関係を取り結ばなければならなくなった（注：二〇〇五年に巻き起こった起業家・堀江貴文によるフジテレビ買収騒動は、経営という側面でのその表れと見ることもできるだろう）。

たとえば、テレビ朝日のバラエティ番組『金曜★ロンドンハーツ』の路線転換は象徴的なケースだ。お笑いコンビ・ロンドンブーツ1号2号がMCを務めるこの番組、二〇〇〇年前後には「素人」を主役にした恋愛企画で人気を博していた。だが、やがてその勢いは衰えた。そんな番組の危機を救ったのが、二〇〇〇年代前半から始まった企画「格付けし合う女たち」である。女性芸能人たちが「実は性格が悪そうな女」など番組から与えられたいかにも軋轢を生みそうなお題に従って互いを順位付けして、時には殺伐とした雰囲気になりながら競い合う。

つまり、番組初期の「素人」が主役の恋愛企画が一九七〇年代以来の視聴者参加型恋愛バラエティの流れを汲むものであったとすれば、それが終わって「格差」をバラエティのなかに取り込もうとする企画の時代になったのである。『金曜★ロンドンハーツ』以外にも、この時期には人生の一発逆転を狙う一般視聴者が開業資金を得るために事業計画をプレゼンする『¥マネーの虎』（日本テレビ系、二〇〇一年）、また「ビンボーさん」と呼ばれる、将来の夢のためにいまは極貧生活を送っている若者を芸人が密着取材する「ビンボーバトル」が人気だった『銭形金太郎』（テレビ朝日系、二〇〇二年）など「格差」を前提にしたバラエティ番組が話題を呼んだ。

「ユルさ」という日常

とはいえ、それでテレビは「日常」を取り戻したわけではない。むしろ〝失われた日常〟の結果である「格差社会」をなぞっているにすぎなかった。

では、改めて発見されるべきテレビ主導の「日常」とはどのようなものなのか？　それこそは、『家族に乾杯』が〝掛け値なしの日常〟としてすでに先取り的に示していたものだった。だがそれがより具体的なかたちをとるには、視聴者の側が先ほどからふれているような〝一億総中流〟的日常の崩壊体験をいったんある程度の時間をかけて経なければならなかった。

そしてそのなかで〝掛け値なしの日常〟にとって不可欠な要素として発見されたのが、「ユルさ」である。「ユルい」ことが「ガチ」であることを保証する。『家族に乾杯』では疑われる余地のあった「ガチ」も、「ユルさ」が伴うことによって視聴者にとって納得いくものになるのである。

その「ユルさ」を視聴者に体感させてくれたパイオニア的番組が、二〇〇七年開始のテレビ東京『モヤモヤさまぁ〜ず2』（以下、『モヤさま』と表記）である。以下、この番組に沿って、「ユルさ」とはなにかについて整理してみよう。

お笑いコンビ・さまぁ〜ずの二人が毎回ひとつの街をぶらぶら歩きながら地元の人びとと交流するこの番組、番組のプロデューサーである伊藤隆行には、商店街を歩くさまぁ〜ずのある画が企画時にすでに浮かんでいたという。それは、「素人のイヤなおじさんが突然出てきたら二人でイヤな顔をして、逃げようとする大竹さん。それを「逃げんじゃねえよ！」と制している三村さん」というものだった（注：伊藤隆行『伊藤Pのモヤモヤ仕事術』、九七―九八頁）。

従来の「街歩き番組」では、出会った街の一般人をこういうふうにぞんざいに扱うことはありえない。誰もが「いいひと」という前提で友好的に接するのが基本である。そんな「お約束」を無視する番組を伊藤はまず思い描いたのである。

角度を変えて言えば、『モヤさま』が映し出そうとしたのは、〝掛け値なしの日常〟のなかにいる普段着のままの人びとである。それはカメラを従えた芸能人が目の前に現れても普段からの振る舞い方をいっさい変えないような人びとであり、同じ「素人」でも視聴者参加番組に出演してウケようと頑張る素人とは百八十度異なる。テレビ慣れした一般人の多い観光スポットや巨大ターミナルなどのテレビ取材の定番から外れた街（番組第1回のロケ地が「新宿」ではなく「北新宿」であったように）が街歩きの場所として意図的に選ばれることが多いのも、そのようなコンセプトから導き出されたものだ。

したがって、さまぁ～ずの接し方も、伊藤隆行の想定通り従来にないパターンのものになった。

いま書いたように、この番組に登場する街のひとびとは、テレビ的な常識など意に介することなく、自分たちの日常生活の常識に従って振る舞う。その結果、テレビの作法に慣れた出演者や視聴者から見れば、微妙なずれ、曰く言い難い違和感が生じる。

ただ、さまぁ～ずの二人は、その「モヤモヤ」感を既存のテレビの枠に収まるように矯正しようとはいっさいしない。それどころかその「モヤモヤ」感をまるごと受け止め、そのひととのやり取りのなかで増幅させようとさえする。すなわち、ツッコミもフリもせず、その場の空気に自ら同化しようとするのである。

たとえば、番組初期に名物となった北品川の「井戸おやじ」。かつて下町にはよくあった路地の道端にある共用の井戸。それを見つけたさまぁ～ずの二人が水を出して遊んでいると、突然井戸の前の家の窓からひとりの男性が顔を出した。井戸のことを聞こうとするさまぁ～ずだが、いくら話しかけても「え？」と聞き返す。その絶妙の間がなんともおかしく、さまぁ～ずは、その「え？」聞きたさに意味なく同じような質問を繰り返す。

「ユルい」とは、その状況を指した表現にほかならない。芸人も「素人」もなく、そこにいるすべての人びとがなにも特別なことは起こらない日常の空気にただ浸った状態がもたらす心地よさの感覚、それが「ユルさ」である。そこには、絶えず緊張を強いる「格差社会」とは無縁な日々の暮らしの場が可視化されている。


『ドキュメント72時間』と『バリバラ』

こうして「ユルさ」は、二〇〇〇年代以降のテレビにとってポジティブな響きを帯びるものになった。その流れは、バラエティにとどまらずドキュメンタリーにも及んでいる。たとえば、二〇〇六年にスタートしたＮＨＫ『ドキュメント72時間』には、ドキュメンタリーがまとう「ユルさ」の一端を見て取ることができるだろう。

この番組の基本は、食堂や喫茶店から山の頂上にいたるまで、実にさまざまな場所の定点観測である。72時間のあいだ、ひとつの場所にカメラを据えてそこにやって来る人びとにインタビューをする。そこから職業や年齢、家族構成、そこに来る目的、またときにはいま抱えている悩みなど、そのひとの人となりが見えてくる。

たとえば、東京・山谷のような簡易宿所街に集うひとびとが対象の場合、そこに現代社会の抱える深刻な失業や貧困の問題を感じ取ることもできなくはない。

しかしながら、そうしたテーマについてなんらかの提言を行ったりすることがこの番組の眼目ではない。どのような場所であれ、そこに集まり、また去っていくひとの語りや表情を通して、どれひとつとして同じではないそれぞれの〝掛け値なしの日常〟が浮かび上がること、それがこの番組の魅力になっている。コンビニエンスストアの定点観測をすれば、72時間のあいだに何度かやってくるひとも現れる。だがそれが劇的な展開を生むことはない。その当人の「日常」が映し出されるだけだ。それは、笑福亭鶴瓶がいない分、〝奇跡〟が起こらない『家族に乾杯』である。

同じような「ユルさ」をベースにした番組として、『バリバラ〜障害者情報バラエティー〜』（NHK Eテレ、二〇一二年放送開始）（以下、『バリバラ』と表記）を挙げることもできるだろう。

「バリバラ」とは「バリアフリーバラエティー」の略。「障害者が登場する番組は真面目でなければならない」という常識にとらわれず、障害者を主役にしたバラエティの制作を通じて真のバリアフリーとはなにかを考えようという番組である。

たとえば、言語に障害のあるひとの言葉を正確に聞き取るゲームが番組内で行われたことがある。

その内容は、〝善意の人びと〟から見れば障害者を馬鹿にしているように映るかもしれない。

しかしそれは、障害者が日々のコミュニケーションで経験していることをそのままゲームにしたにすぎない。ゲームのなかで起こることは、バラエティ的に言えば誰もがわかる「あるある」ネタのひとつであり、そして確実に面白い。そこから伝わってくるのは、健常者も障害者も関係なく普段の日常生活のなかで遭遇するコミュニケーションの難しさ、それに伴う苛立ち、そして意外な聞き違いなどが生む笑いだ。

番組には、バリアフリー設備なのにまったく実際の役に立っていないものを紹介する『ナニコレ珍百景』（テレビ朝日系）のパロディ「バリバラ珍百景」のように、そのまま社会の障害者に対する理解の不十分さをメッセージとして発しているような企画もある。ただそれにしても、スロープなのになぜか入り口が階段になっている「階段付きスロープ」などには、かつて赤瀬川源平らが中心になって発掘した街角の無用の長物「トマソン」の可笑しさに通じるところがある。

そしてこの『バリバラ』が大きな話題を呼んだのが、二〇一六年八月二八日の生放送だった。

この日出演者は揃いの黄色いTシャツを着用し、「笑いは地球を救う」が番組のテーマとして掲げられた。そう、この日は日本テレビ恒例の「24時間テレビ」が裏で放送中であり、障害者がさまざまなことにチャレンジする様子をずっと伝えていた。そのパロディに思える企画を同じ障害者が出演する『バリバラ』がやったのである。

番組ではまず、メディアでの障害者の描き方をめぐって「感動ポルノ」という批判が海外であることが紹介された。テレビなどで障害者の姿が感動の対象として提示されるとき、実は障害者は過剰に物語化され、消費される対象になっているという指摘である。その際、「24時間テレビ」が名指しされることはなかったが、暗示されているのは確かだった。ただ、番組では、NHKの過去の福祉番組のなかにもそのような扱い方や表現があったことを映像付きで検証もした。

前に書いたように、フジテレビの「27時間テレビ」開始のそもそもの動機は、「24時間テレビ」をパロディにしようということだった。そしてその意図は一九八〇年代のツッコミ感覚を身につけた視聴者に広く支持され、「27時間テレビ」もまた恒例の企画になった。

その際、「24時間テレビ」の〝真面目〟に対し、「27時間テレビ」は笑いを中心とした徹底した〝遊び〟感覚で対抗した。そしてその〝遊び〟は、さんまの愛車破壊事件などのような自作自演的イベントを通じて日本全国を巻き込む「祭り」にまで拡大した。

だが二〇〇〇年代以降、テレビと現実が乖離するなかで、「祭り」自体が成立困難なものになる。「素人」主役のドキュメントバラエティから笑いの要素が薄れ、「感動」ばかりが前面に出るようになっていった背景にも同じ文脈がある。こうして世の中は、障害者に関することだけでなく「感動ポルノ」に支配されるようになった。

いまふれた『バリバラ』生放送も、「24時間テレビ」のパロディとして受け取れる面があるという意味では「27時間テレビ」と共通している。とはいえ、『バリバラ』の場合は決して対抗しようとはしていない。「感動ポルノ」を持ち出したのも、障害者にも「感動」とはまったく関わりのない〝掛け値なしの日常〟があると言いたいだけのことだ。

この『バリバラ』は翌二〇一七年にも再び「24時間テレビ」の裏で生放送を行った。そのなかに、筋ジストロフィーで車椅子ユーザーの男性の「野球をしたい」という夢を叶える「24時間テレビ」にそのままありそうな企画があった。

だがスタッフが細かくお膳立てして実際に野球をやってみたその男性の感想は、「あまり楽しくなかった。ゲームのほうがよかった」というものだった。そして企画の最後は、一緒に野球をやった健常者も含めて室内でわいわい野球ゲームをする光景が流れた。「24時間テレビ」が障害者の特別な夢を見せるのだとすれば、『バリバラ』は、それを批判するのではなく、やはりそっとその隣に「日常」を置いてみせたのだ。「ユルさ」の真骨頂であろう。

極私的なものに向かって

以上のように、現在の私たち視聴者は、かつてのように「テレビ＝社会」ではなくなった瞬間を日々さまざまなかたちで目撃していると言える。いや、「テレビ＝社会」とは思えなくなった自分の気持ちを日々再確認していると言ったほうが正確かもしれない。たとえば、「コンプライアンス」という名のもとに、これまでは見過ごされてきたであろうテレビのディテールに対して批判的論調が強くなっているのも、結局そうしたテレビと社会の関係の根本部分での変質がもたらす現象のように思える。

そうした状況において、一方テレビは、ここまで述べてきたように「ガチ」と「ユルさ」の組み合わせを拠り所に自らを立て直そうとしているように見える。ただしそれは、いうまでもなくテレビにとって諸刃の剣だ。なぜなら、「ガチ」と「ユルさ」が目指す果てには「自作自演の否定」があるからだ。

しかし、テレビがカメラというある種冷徹な眼の役割をする機材で映像を撮り、それを不特定多数に向けて放送するマスメディアである限り、自作自演の可能性を完全に消し去ることはできないだろう。その結果、現在のテレビは、〝「自作自演の否定」を装う自作自演〟という困難を生きなければならなくなっている。

ただし、そのような状況は、テレビにとってこれまでの自作自演による呪縛をいったん相対化し、リスタートする好機でもある。

たとえば、「テレビ＝社会」という一体感がもはや望めないとすれば、思い切ってその対極から始めるという手が考えられる。すなわち、徹底して極私的な関心にこだわった番組づくりである。

すでに近年、そういったタイプの番組として印象的なものも登場している。二〇一七年に第一弾が放送されたテレビ東京『ハイパーハードボイルドグルメリポート』がそれだ。

この番組では、世界中の過酷な現実や知られざる世界のなかで暮らす人びとのもとを訪れ、密着取材する。EU圏に入ることをずっと拒まれ続けている難民、長年抗争を続けているアメリカのギャンググループなど。なるほどそうした人たちを取材する番組ならほかにもあるだろう。だがこの番組がユニークなのは、そうしたひとびとの日々の食事をリポートする「グルメ番組」だということだ。

番組の取材対象になったひとりに、リベリアの内戦で闘った「元少年兵」の女性がいた。彼女は現在、他の「元少年兵」たちとともに街中の共同墓地で暮らしながら、売春をして生計を立てている。カメラはその暮らしぶりに密着しつつ、売春の稼ぎで食べる食事に同行する。テントを張っただけの食堂で彼女が食べるのは、スープと白米だけの日本円で一五〇〇円ほどの食事。決して豊かとは言えない。だがそこで彼女は将来の夢を語り、いま「幸せだ」と話す(二〇一七年一〇月三日放送)。

そこには、テレビ的演出に則った数多のいわゆるグルメ番組にはない、〝掛け値なしの日常〟としての「食」への貪欲なこだわりがある。この番組は、企画したディレクターが自ら現地に取材に赴き、撮影・インタビューから編集まですべてひとりでこなしている。それはまるで〝プライベートビデオ〟のようだ。だがそのような極私的な視点に貫かれているからこそ、ありがちな感傷や感動とも無縁な、曰く言い難い余韻が見ている側に残される。おそらくそれは、この番組のなかに「生きるとはなにか」「社会とはなにか」という問いをテレビが改めて直視しようとする真摯さをどこかで私たちが感じ取っているからなのだろう。

しかし、そんな極私的視点から作り出される映像は、ご存知の通りテレビだけのものではない。むしろネットこそ、極私的映像のホームグラウンドと言ってもいいだろう。そこで次節では、その観点からテレビとネットの関係について考えてみたい。

3　テレビとネットの交わるところ——余白が消滅するとき

「ゲーム実況」という日常

動画配信者が自らゲームをプレイする様子を伝える「ゲーム実況」は、ネット配信で人気のジャンルのひとつだ。二〇〇〇年代の終わり頃からメジャーになった。ゲームの画面がずっと固定で映し出され、そこにプレイする本人の実況する声や姿が被さるスタイルが一般的である。

人気の理由は、まずエンタメ性の高さにあるだろう。見事なゲームテクニックを披露する配信者は当然人気が高い。とりわけ難度の高いステージを〝神プレイ（名人技）〟で鮮やかにクリアしてみせる瞬間は、視聴者にとってスポーツ観戦にも似た快感がある。

ただしいうまでもなく、ただ黙々とゲームをクリアするだけではプレイがいくらすごくても〝実況〟にはならない。配信者はプレイヤーであると同時に解説者でもなければならない。クリアのコツやテクニックの内容、現在の画面の情勢などを的確に解説しながらプレイすることが求められる。

その意味では、ゲーム実況には、前にふれた「やじうま新聞」を思い起こさせるところがある。「やじうま新聞」は、新聞記事を読むことによって現実世界に起こる出来事を「実況」した。それに対し、ゲーム実況は、ゲームというバーチャルな世界に起こる出来事を「実況」する。リアルとバーチャルという違いはあれども、それぞれの世界で起こるすべての出来事が実況の対象という点では同じである。

ただ、「やじうま新聞」のアナウンサーと異なり、プレイヤーでもあるゲーム実況者はその世界への紛れもない関与者だ。ゲーム実況者は、自分が主体になってゲーム内世界に引き起こす出来事を客観的視点で描写する。その意味では、ゲーム実況のほうがより明確に自作自演的と言えるだろう。

それは例えていうなら、猿岩石が自分たちのヒッチハイク旅の一部始終を自分たちで実況するようなものだ。猿岩石が過酷な旅を通じて成長していくプロセスを当時の視聴者は、ＲＰＧのゲームのような感覚で見ていたところがある。ただいうまでもなく、猿岩石と視聴者はまったく別個の存在だった。ところがゲーム実況では、それらがひとつになる。その文脈から言えば、ゲーム実況は、一九九〇年代のドキュメントバラエティのエッセンスの継承と発展のうえに形づくられたものなのである。

しかしもう一方で、ゲーム実況にはそれだけではない魅力もある。エンタメ性の対極にある日常感が醸し出す魅力である。

ニコニコ動画で生配信するいわゆる「生主」と呼ばれる人びとのゲーム実況では、視聴者からのコメントに配信者も返したり、逆に配信者から視聴者への質問があったりと雑談も活発に行われる。内容はノンジャンルで、ゲームに関するものもあれば、まったく関係のない四方山話的な話題もある。ゲームのクリアよりものんびりプレイすることを優先する〝まったりプレイ〟と呼ばれるタイプの実況でよく起こる状況である。

それは結局、本章1節でもふれたネット独特の実況文化の延長線上にあるものだ。多くの配信者にとってゲームをすることは日常そのものであり、その意味においてゲーム実況は〝自分を実況する〟行為のひとつである。(視聴者)「ゲーム上手くなってどうするんですか?」(配信者)「それ聞く?

それをいっちゃおしまいでしょ」こんなニュアンスのやりとりをゲーム実況の生配信で聞いたことがあるが、これなどはまさに「ゲーム配信＝特に明確な目標のない日常の実況」であることを如実に物語っている。

実況板からニコニコ動画へ

前節で述べたように、二〇〇〇年代後半のテレビも同様に日常を提示しようとしていた。だがそこでの日常が「ユルさ」を特徴とする〝掛け値のない日常〟であったとすれば、ゲーム実況が指し示すのは趣味的日常、より正確に言うならば密度の濃さが意味を持つオタク的日常である。

とりわけ二〇〇六年にスタートし、日本発の動画共有サービスとして発展した「ニコニコ動画」には、ゲーム実況に限らず動画全般にその傾向が強い。

ニコニコ動画を初めて見たときにまず印象に残るのは、やはり動画の画面上を次々と流れていくコメントの群れだろう。

その発想の元になったのは、実は2ちゃんねるの実況板であった。

ニコニコ動画を開発したスタッフがまず考えたのは、当時すでにサービスが始まっていたYouTubeにどう対抗するかということだった。そこで出てきたアイデアが、ネットライブである。YouTubeでは、動画と視聴者は基本的に同期していない。すでにアップされた過去の動画を視聴者は見ている。それならば、音楽ライブのように送り手と受け手が時間をリアルタイムで共有する場をバーチャルな空間につくってYouTubeとの違いを際立たせようとスタッフは考えたのである（注：佐々木俊尚『ニコニコ動画が未来を作る』、二四〇―二四一頁）。

では、ネットライブをどのように具体化するか？　試行錯誤の末にスタッフがたどり着いたのが、動画を見ながら視聴者がコメントを入力していくスタイルである。しかも、ただ自分でコメントを書き込むだけでなく、ほかの人びとのコメントを再生しながら動画を見ていると別の楽しさがあることに気づいた。「コメントを読みながら動画を見るというのは、2ちゃんねるの「実況板」と呼ばれる掲示板で行われているが、2ちゃんねるには実際にみんながいま見ている動画が表示されているわけではない」（注：同書、二四八頁）。スタッフは、それを同時に行うことにしたのである。

つまり、ニコニコ動画のコンセプトとは、動画付きの実況板であったことになる。そして完成したのが、現在のニコニコ動画のスタイルだった。画面を別にして動画とコメントを表示するのではなく、動画の画面にそのままコメントが流れる。実際は、生放送の場合を除いて見ている動画はYouTubeと同様に過去にアップされたものだが、コメントが文字通り画面に重ね合わされることによってそこに〝ライブ感〟が生まれた。

それは、本書で重ねて言及してきたテレビの同時性の演出に似ている。『パンチDEデート』のところでも書いたように、テレビの場合も視聴者が〝ライブ感〟を味わえるのは生放送に限ったことではない。収録された番組でも、そこに意外性や迫真性、親近感などを盛り込むことによって、視聴者は番組にのめり込み、時間を共有している感覚を味わうことができる。

ただニコニコ動画は、テレビよりもさらに送り手と受け手の距離感を縮めた面があるだろう。まずシンプルに、映像とコメントが同じ画面上に重ね合わされる仕様自体がそう思わせる。よく話題にされる同じコメントで画面が埋め尽くされる「弾幕」現象などは、その物量によって見ている側の感覚をストレートに刺激する。自分がコメントを書き込んでいるかどうかは別に、否応なしに「祭り」に巻き込まれる感触がそこにはある。

もうひとつは、視聴者と同様に動画の作成者もただの一個人であることがあるだろう。多くの場合、動画をアップする側もまた視聴者と同じくユーザーのひとりである。たとえば、自分で撮影した歌やダンスを動画にしてアップする「歌ってみた」や「踊ってみた」の演者は、その後有名になっていく場合もあるにしても、最初はニコニコ動画に集うユーザーのひとりである。

その点に関して、やはり「初音ミク」の存在は無視できない。そもそもは「VOCALOID」という名の合成音声ソフトとイラストだけの存在であった初音ミクは、各分野に知識と技術を持つ個人ユーザーたちの手よって歌い踊る3Dキャラクターに育て上げられた。そうしたユーザーの手によってアップされた動画への支持度は、再生数とコメント数というかたちになって現れる。加えてコメントのなかには称賛だけでなく提案や要望も含まれ、それがまた次の動画作成にも生かされる。要するに、そこにはアニメ、ゲーム、アイドルなどオタク文化ならではの、きわめて凝集性の高い趣味のコミュニティが生まれている。

大衆向け vs マニアック

二〇〇〇年代以降のテレビにおいても、趣味の占める比重は明らかに高まっている。代表する番組は、二〇〇三年に始まったテレビ朝日『アメトーーク！』だろう。毎回「くくりトーク」としてなんらかの共通点を持つ芸人が登場して「〇〇芸人」の名のもとにトークを繰り広げる人気バラエティだ。

すべてのテーマが趣味に関するわけではないが、高校野球を見ることに人一倍の情熱を傾ける「高校野球大好き芸人」や特定の漫画・アニメのファンが作品を熱く語る「キングダム芸人」や「ドラえもん芸人」など、趣味性の強いテーマは番組の中心的位置を占めている。そうした場合、せっかく熱弁をふるっても、そのテーマのことに詳しくないMCの雨上がり決死隊やゲストが無関心なままなのに対して「〇〇芸人」が嘆いたりするのがひとつのパターンになっている。そこに生まれる温度差によって、芸人たちの熱量が余計に際立つ演出だ。

あるいはタモリやマツコ・デラックスなど、地図や鉄道などオタク的趣味に相当な知識を誇る芸人やタレントへの近年の支持の高さにも、そうした傾向は表れている。

「お笑いビッグ3」のひとりであるタモリは以前から『タモリ倶楽部』（テレビ朝日系、一九八二年放送開始）などでその片鱗は見せてきたが、『ブラタモリ』（NHK、二〇〇八年放送開始）くらいからはむしろ趣味人としての部分が表の顔になった感がある。また都市開発の観察が趣味だというマツコ・デラックスもタモリと同様に、街の特徴や鉄道路線について豊富な知識や鋭い見識を随所に披露するところが支持される理由のひとつになっているのは間違いない。

こうしてネットとテレビの両方で趣味がフィーチャーされ始めた背景には、前節でもふれた一九九〇年代後半以降の日本社会の変容があるだろう。

〝一億総中流〟意識が大きく揺らぎ、「格差」を自ずと意識せざるを得ない社会。それは別の角度から言えば、個人を孤立させない中間の領域、すなわち家族や地域といったコミュニティが機能不全に陥った社会である。それまで血縁や地縁をもとに、あるのが自然と信じられていたコミュニティがそうではなくなる。

趣味は、そうした現状において人々のあいだの新しい「縁」になりうるものと考えられるようになった。ネットにせよテレビにせよ、共通の趣味は人間関係の距離を縮める最も有力な手段ととらえられるようになった。初音ミクの動画を中心にした集まりも『アメトーーク!』の「〇〇芸人」も、根本は趣味が紐帯となった同じタイプのコミュニティである。

ただ、テレビとネットで趣味の扱われ方はまったく同じというわけではない。一九八〇年代以来の「祭り」的一体感の記憶がまだ残る地上波テレビでは、大衆との接点が常に考慮される。先ほどふれた『アメトーーク!』の対比の演出はその一例だ。一方、より高度な知識の獲得や披露に向かうことに喜びがあるオタク的趣味の世界は、本来横に広がるよりはひとつの分野を垂直に深掘りしていくことに価値と興味を見いだす。つまり、大衆的であるよりはマニアックであることを志向する。

したがって、ネットにある凝集性の高い、マニアックな趣味の世界の側から見れば、その程度にもよるが、テレビで大衆向けにわかりやすくかみ砕いて趣味を扱うことは受け入れがたい。もし趣味人の代表として出ているのにそう見えない出演者がいれば、ネット上では「にわか」「知識が浅い」「薄っ！」などと批判的に「実況」されてしまう。

ユーチューバーという存在

このようにニコニコ動画などを例に見ると、〝マニアックなネット〟に対する〝大衆向けのテレビ〟という棲み分けが出来ているように見える。

とはいえ、その棲み分けも絶対的なものではない。たとえば、ユーチューバーという存在には、大衆受けを目指すベクトルが基本的に内在しているからである。

ネットにおける動画共有サービスとしてYouTubeが始まったのが、二〇〇五年のこと。「Tube」にはテレビ（ブラウン管）という意味がある。だからそのネーミングには、「あなたがテレビになる」、つまり個人による「ひとりテレビ局」というニュアンスがある。企業や団体ではなく一個人が動画の作成者なのに、まるでテレビのように不特定多数に向けて発信できる。その構図が画期的なものだったことは間違いない。

そうしたなかから実際に動画が評判を呼び、有名になる「ひとりテレビ局」が現れた。ユーチューバー（YouTuber）である。

「ユーチューバー」という言葉が日本で広く知られるようになったのは、二〇一〇年代に入ってからである。人気ユーチューバーのマネジメントを担当する企業UUUM（ウーム）が二〇一三年に設立され、プロモーション体制が整ったこともその勢いに拍車をかけた。二〇一四年から二〇一五年には、ユーチューバーの代名詞的存在となったＨＩＫＡＫＩＮやはじめしゃちょーらのチャンネル登録者数が一〇〇万人を突破し、注目したマスメディアも頻繁に取り上げるようになった。

ユーチューバーによる動画は多彩だ。それぞれの個性に応じた得意分野に特化したものもあれば、ひとりでさまざまな種類の動画をカバーする場合もある。たとえば、ＨＩＫＡＫＩＮは元々ヒューマンビートボクサーであり、最初はそのビートボックスを披露する動画からスタートしたが、その後有名になるにつれて商品紹介動画、ゲーム実況動画、プライベート動画などを複数のチャンネルを使い分けて配信している。視聴回数が一〇〇〇万回以上に達する動画も多く、メインチャンネルの「HikakinTV」のネーミングが示す通り、まさに「ひとりテレビ局」の趣がある。

ただもう一方で、その動画は極私的でもある。

ユーチューバーの動画の多くは、自室（あるいは自室風の場所）を背景にユーチューバー自らが正面からアップで映る構図になっている。それ自体が、この動画は私的であるというメッセージを発している。

もちろんそれは、基本的にひとりで動画を撮影していてほかのスタッフがいないという制約からくるものでもある。しかしながら、だから映像として変化に乏しく、貧弱だとは必ずしもならない。むしろスマホなどの普及で当たり前になった自撮り文化の時代においては、より共感を得やすいスタンダードな構図とさえ言えるだろう。

さらに動画の内容としても、日常生活のなかで個人的にふと沸いた欲求や妄想を実行する「○○してみた」動画がひとつの定番になっている。たとえば、コーラ好きなＨＩＫＡＫＩＮがコーラは冷えていればいるほど美味いはずと思いつき、コーラにドライアイスを入れてみるとどうなるか、その一部始終を動画（「コーラにドライアイス入れて飲んでみた！」https://www.youtube.com/watch?v=YmZ5NBVG5Po）にすると、それが八〇〇万回以上の視聴回数を記録する（二〇一八年八月五日現在）。

なるほどこれと同じようなことは、テレビのバラエティのほうが編集や加工にも凝って、より洗練されたかたちで映像化できるかもしれない。しかしここでは、二〇〇〇年代以降のテレビ自体が「ユルさ」を求めるように、より日常であることのほうが意味を持つのである。

結局、ユーチューバーにあっては、大衆化傾向と極私的傾向が未分化のまま共存しているように見える。平たく言えば、「有名になりたい」という外向きのベクトルと「自分の思うように気ままにやりたい」という内向きのベクトルが、これといった軋轢や衝突を生むこともなく並存している。そこにユーチューバーの独自性はあるように思える。


「27」と「72」

ただし現在のネットの世界を眺めてみると、大衆化傾向と極私的傾向に分極化していきそうな動きも見て取れる。

大衆化傾向を代表するものとしてインターネットテレビがある。近年、テレビ局をはじめ各企業が配信事業に乗り出している。テレビ局で言えば、NHKがオンデマンドで、民放もそれぞれ単独、あるいは共同で番組を配信するようになった。

形式は一様ではないが、それらの多くは番組を見逃した視聴者のためのサービス目的で配信するようなものである。つまり、既存のテレビ放送を補完するためのものだ。

それに対し、オリジナル番組と多彩なチャンネルを揃えて私たちの良く知るテレビに似たスタイルで配信しているものもある。たとえば、AbemaTVがそうだ。

AbemaTVは、テレビ朝日とインターネット関連企業のサイバーエージェントの共同出資によって二〇一六年に設立された。ニュース、ドラマ、バラエティ、特番、アニメなどジャンルごとに分かれた複数のチャンネルがテレビ放送の番組表のように編成されていて、原則的にすべて無料で視聴することができる。いわゆる「タイムシフト視聴」（視聴者が都合の良い時間に後から番組を見ることができるサービス）もあるが、見ている感覚としては従来のテレビに近い。

一方で、ネットならではの側面もある。たとえば、コメントの書き込みが可能で、生配信では出演者が寄せられたコメントを適宜ピックアップして紹介する場面もよく見られる。またバラエティでは、最近の「コンプライアンス」意識の高まりによって地上波テレビでは難しくなった過激な企画や犯罪歴などで地上波には出づらい人物の出演を実現することで、地上波テレビに飽き足らなくなった視聴者を惹きつけている面もある。

そうしたコメント機能の存在、ならびに企画の自由度の高さは、いままでネットコンテンツに接する機会の少なかった一般の視聴者を引き寄せる効果を上げる場合もある。

二〇一七年一一月二日から五日まで行われた生配信『72時間ホンネテレビ』は、まさにそれを証明した番組だった。SNS初心者である香取慎吾、稲垣吾郎、草彅剛の元SMAP三人が、さまざまなゲストからレクチャーを受けながら自らSNSに投稿し、それに対する視聴者のコメントなど反響を踏まえてさまざまなコーナーや企画が進行していく。

たとえば、かつて同じSMAPのメンバーで現在はオートレーサーに転身している森且行との久しぶりの共演が実現したのを記念に「森くん」をTwitterの「世界のトレンド」の1位にしようと呼びかけ、それを実現させるという場面があった。一九九〇年代以降のテレビにおいて常にその中心で活躍してきた三人が、悪戦苦闘しつつもテレビ流の「祭り」をネットの世界にも実現していくプロセスには、テレビの作法をネットに持ち込んだときにどんな化学反応が生まれるのかの一事例としてきわめて興味深いものがあった。

彼ら三人は、SMAP時代「27時間テレビ」のメインパーソナリティを務めたことがある。二〇一四年のこの回では、「武器はテレビ。」という印象的なフレーズがタイトルに掲げられていた。それは、一九九〇年代後半以降、同じフジテレビの『SMAP×SMAP』(一九九六年放送開始)などの番組出演を通じてテレビ全体を支えてきたと言ってもいいSMAPの自負を感じさせるものでもあった。

しかしいまや、一九八〇年代以来の「フジテレビの時代」の終わりが視聴率面などでもいよいよ明らかになっている（注：吉野嘉高『フジテレビはなぜ凋落したのか』）。もちろんそれで「テレビは終わった」などと結論付けるのは、一面の真理を含むかもしれないがいかにも拙速だろう。

だがここまで述べてきたように、フジテレビがテレビの「祭り」の中心にいたことは確かであり、その意味で同じＳＭＡＰメンバーがメインになった「27」と「72」という両番組の数字の反転した関係が、テレビからインターネットテレビへの「祭り」の場の移行を暗示しているようにも思える。

「祭り」のカジュアル化

もう一方で、ネットに流通する映像に見られる極私的傾向を代表するのは、スマホアプリの動画だ。スマホ（スマートフォン）の登場は、私たちの映像体験を大きく変えた。

そのひとつは、「自撮り」行為の普及である。自分で撮った自分の映像を公開する行為がこれほど広まった時代もおそらくなかっただろう。最初は静止画であった「自撮り」は、「Twitter や Instagram を見てもわかるようにいまや動画へと発展している。先ほどふれたように、ユーチューバー現象にもその一面がある。そしてそのプロセスを決定的に促したのが、撮影機能とアプリによる動画作成機能を兼ね備えたスマホだったことはいうまでもない。

アプリ動画においては、ますます動画作成が簡便になってきている。言い方を換えれば、これまでのように動画に作品としての完成度が強く求められるようなことはない。たとえば、ニコニコ動画でボーカロイドを使った動画をアップしようとするならば、作成者は視聴者のコメントなどによる厳しい評価が待っていることを予想しなければならず、それゆえ自ずと完成度を意識せざるを得なかった。そのことは動画文化の水準をぐんと上げる一方で、参入障壁の高さにつながった。

ところが、アプリ動画の参入障壁はますます低くなっている。端的なのは、動画の短さだ。ユーチューバーの動画は、数分から十数分という長さが多い。これでもテレビ番組の一般的な長さに比べればかなり短いが、アプリ動画ではさらに十数秒というのも珍しくなく、なかには数秒というものもある。しかもそうした動画に人気が集まっている。

Tik Tokという動画SNSを例にとってみよう。このアプリで作成する動画の長さは基本15秒。音楽をベースにした動画であるのが特徴で、口パク動画やダンス動画が常時多数投稿されている。とりわけ多いのはダンス動画で、SNS内で流行している楽曲ごとの決まった振り付けで一般のユーザーが思い思いに踊る姿を見ることができる。撮影場所も自宅、学校、職場、路上など、日常の風景のなかで撮られていることがうかがえる。

また15秒という長さは、視聴する側にとっての敷居の低さにもなる。移動中の電車のなかやちょっとした空き時間にスマホの画面をスワイプ（指で触って画面を動かす動作）して動画をどんどん切り替えながら流し見する感覚には、テレビともインターネットテレビとも違う独特の気軽さがある。

こうして、アプリ動画の周囲には〝気楽なコミュニティ〟が形成される。投稿する側も見る側も、動画に映し出される極私的日常の延長線上で「いいね」やコメントを通じてちょっとした仲間感覚を味わうことができる。

ただその際にも、皆で同じ振り付けをするダンス動画に典型的なように「祭り」の高揚感は欠かせないものになっている。TikTokで使われるハッシュタグのひとつである「＃一生パリピ」は、その好例だ。「パリピ」とは「パーティ・ピープル」の略で、本来パーティ好きの派手でにぎやかな人々を指す表現であり、その意味では非日常感があるワードだ。だがTikTokでは、制服を着た普通の高校生が休み時間の教室で踊るダンスのようなごく日常的なシチュエーションの動画にも、「＃一生パリピ」のハッシュタグが付いていたりする。

そんな「祭り」のカジュアル化は、アプリ動画がもたらした重要な帰結のひとつに違いない。それは、かつてテレビが担っていた「祭り」やインターネットテレビが作り出す「祭り」と比べれば小規模で、一瞬で終わってしまうようなものだ。しかし、そのことが逆に「祭り」の主導権を一般ユーザーが自らの手中に収めたことを物語ってもいる。

自作自演の二重の困難

以上のように、ネットを取り巻く状況について、いくつか傾向を取り出すことができるだろう。だがそこにはまだ流動的な部分も多く、全体としてはネットの世界は依然過渡期にある。ネットへのアクセスにしても、現状世代間で大きな差があることも否定できない。したがって、現在の趨勢だけから確定した構図を想定することにはひとまず慎重であるべきだろう。

ただ、本書がたどってきたテレビ史との関係において現在の状況について若干の考察を加えておくことは、無駄ではないはずだ。

まずひとつ言えるのは、インターネットテレビやアプリ動画にしても、またユーチューバーの動画にしても、「祭り」の場がテレビからネットへ移行しつつあるということである。テレビの「祭り」とネットのそれがイコールではないにしても、メディアに導かれて視聴者が映像体験の高揚感を得られる場としてネットが存在感を増しているのは事実だろう。

一方で、SNSをはじめとしてネットの空間に現実社会のシミュラークルが生まれているのではないかと書いた。そこにはTwitterに典型的なように、日本社会特有の建前と本音の使い分けがあった。同じことはテレビにも当てはまる。しかしテレビでは建前と本音の区別は保たれ、両者が無秩序に混ざり合うことはまれだった。それに対しネットでは、基本的に区別がユーザー個人に委ねられている分、建前と本音のあいだの壁は比較的壊れやすい。したがって、「祭り」が「炎上」に横滑りすることも珍しくない。言い方を換えれば、「祭り」と「炎上」の区別がつきにくい。

その背景には、映像と視聴者のあいだの余白の消滅があるだろう。

テレビにおける「祭り」は、「27時間テレビ」のさんま愛車破壊事件のところでも書いたように、視聴者に選択肢を残すものだった。目の前の画面で展開されている「祭り」にどのような距離感で参加するかについて、視聴者に選択の自由があった。そうしたテレビと視聴者のあいだの余白が、「祭り」が「炎上」に横滑りしないための一種の緩衝地帯になっていた。

そして、「祭り」を含む自作自演全般を可能にしていたのも同じ余白であった。その余白によって、序章でも述べたように、視聴者は〝自由〟を得る代わりにテレビの自作自演を許容していた。

ところが、そうした余白を支えていた〝一億総中流〟的現実感が崩れ、「格差」が前面に出てくるようになると、共同体意識を前提にした自作自演の受容は困難になる。前節でも述べたように、二〇〇〇年代以降のテレビが導き出した「ガチ」と「ユルさ」という答えは、その困難に対応し、新たな「日常」のありかを提示しようとするものであった。

基本的状況は、バラエティ番組などだけでなく、世代を問わず見られているような高視聴率ドラマでも変わらない。

そうしたドラマには、「ベタ」、すなわち定番中の定番的なものへの回帰が見られる。言い方を換えれば、自作自演的な遊びの要素は潔く排除されている。ただ「ベタ」を貫くにしても、そこにも「格差」を前提にするしかない時代の波が押し寄せている。

平成以降の民放テレビドラマの最高視聴率は、二〇一三年に放送された『半沢直樹』（TBS・テレビ系）最終回の42・2％である。銀行を舞台にした硬派な経済ドラマではあるが、しばしば指摘されるようにいくつかの点で時代劇を彷彿とさせる。善玉と悪玉の対立構図のわかりやすさ、そして窮地に追い詰められた主人公・半沢直樹が放つ決めゼリフ「倍返しだ！」の痛快感は、さながら『水戸黄門』の現代版だ。そこにはベタがもたらすこのうえない安心感がある。

ただ、ドラマ内で最終的に繰り広げられるのは、単純な勧善懲悪の物語ではない。「格差社会」のなかでの闘いである。半沢には、小さなネジ工場を経営していた父親が銀行から融資を打ち切られて絶望し、自殺したという因縁がある。また銀行内には熾烈な派閥争いがあり、行員たちは自分が「負け組」にならないよう骨身を削っている。そのなかで半沢もまた、不屈の精神で出世を目指そうとする。

つまり、『半沢直樹』というドラマは、ベタと「格差」のバランスのうえに成り立っている。ベタな展開に依然根強い大衆的人気があることを示す一方で、テレビの自作自演的構図を支えていた〝一億総中流〟的日常がもはや失われていることを暗黙の裡に前提にしているのである。

一方、テレビに代わって「祭り」の場を引き受けることになったネットにおいても、自作自演の困難な状況は変わらない。ネットと視聴者のあいだにテレビの場合のような余白は見いだしがたい。ネットの「祭り」は、アプリ動画に関して述べたように極私的な映像の集合である。そのため、テレビに比べて基盤が脆弱で持続性にも乏しい。言い方を換えるなら、「自撮り」した動画を提示して承認し合う構図になっているため、テレビのように見る側と出る側の距離感、余白を確保することがいっそう難しい。したがって当然、自作自演の余地も少ない。

こうして私たち視聴者は、テレビ的自作自演の甘美な記憶もまだそれほど薄れてはいないなか、自作自演の二重の困難に直面してたじろぎ、テレビとネットの狭間で思案に暮れている。それがきっと過渡期にある私たちの実像に違いない。

終章　ポストテレビ社会に向かって――「視聴者」という居場所

「テレビがつまらない」理由

「テレビがつまらない」。こんなフレーズを方々で聞くようになった。とはいえ、「最近の若者はなってない」のパターンと同じで、さかのぼればテレビ放送が始まった頃からずっと似たようなことが言われてきたに違いない。実際、本書を書くための資料として読んでいた数十年前の本にも同じようなフレーズが書かれているのをたまたま目にして、思わずニヤリとしてしまった。

とは言うものの、ここ最近のテレビに対する風当たりの強さは、「いつものこと」と高を括ってばかりもいられないようなところがあるようにも思える。

テレビが娯楽の圧倒的な中心だった時代は、テレビを見ることが日常的習慣の一部になっていた。とりあえずテレビのスイッチを入れ、画面を眺めることは、ほとんど私たちの暗黙の決め事のようになっていた。

ただし、そのようにして見る番組すべてが自分の好みに合うわけではない。また誰が見ても面白いだけのクオリティを備えた番組ばかりなわけでもない。テレビを見ることには、いくらかなりとも必ず退屈がつきまとうものなのだ。

ところが、退屈に感じながらもなんとなく画面を眺め続けていると、思わぬところで面白い番組に出くわしたりする。なかには普段はあまり進んで見ようとしないジャンルの番組なのにぐいぐい引き込まれる場合もあるだろう。かつてのテレビには、そんな〝出会い〟が必然的にあった。

現在上がっている「テレビがつまらない」という声に対して、「探せば面白い番組がある」と反論したくなるテレビ関係者やテレビ好きは多いに違いない。ドラマにしてもドキュメンタリーにしてもバラエティにしても、良質なコンテンツを制作する力量においてテレビはまだまだ優れているという意見は、それなりの説得力がある。ドラマやバラエティがＤＶＤにパッケージ化されたり、ネットで配信されたりする状況が当たり前の時代になったように、放送から離れて単体の「作品」としてテレビ番組を評価することも定着しつつある。

しかしいま述べたように、かつてのテレビはわざわざ面白い番組を探して見るものというよりは、退屈のなかで面白い番組との偶然の出会いを提供してくれるものだった。そんな体験が減ってきたことが、現在の「テレビがつまらない」とされる理由としてあるように思える。

そこには当然、テレビを取り巻くメディア状況の変化もある。たとえば、平日におけるインターネットの平均利用時間は世代を問わず増加傾向にあり、特に10代、20代では、インターネットの平均利用時間がテレビの平均視聴時間を40分以上上回っているという総務省の調査結果もある（注：総務省「平成28年情報通信メディアの利用時間と情報行動に関する調査報告書」より）。

いうまでもなく、一日の時間は物理的に限られている。そのなかで他メディアに接触する時間が増えれば、テレビの視聴時間が減る可能性は高くなる。いまふれた調査はコンテンツの面白さを聞いたものではないが、前章でもふれたようにネットの動画共有サイトなどのなかにテレビとは異なる映像の魅力を発見している層が増えていることは確かだろう。そうしたことも重なって、「テレビがつまらない」という感覚は、さらに強化されているのかもしれない。

「面白主義」の限界

しかしながら、「テレビがつまらない」ことを番組のつまらなさにのみ帰着させてしまうと、物事の本質を見失ってしまうに違いない。

戦後日本社会においてこれほどテレビが私たちの生活のなかまで浸透したのは、そこに視聴者だからこそ享受できる〝自由〟、すなわち「視聴者への〝解放〟」があったからではないか、と序章で書いた。その自由は、多少なりともテレビを放置することで維持されている。テレビと視聴者のあいだには一定の距離、余白が必要なのだ。言い方を換えれば、テレビにもある程度自由に番組を作ってもらうことの対価として、私たちは「視聴者」という立場に安住することを得ている。その分、テレビが退屈であることは最初から織り込み済みでもある。

要するに、テレビを見る楽しさは、ある意味退屈さやつまらなさと切り離せない。「テレビがつまらない」という言説が批判的なものを含んでいることは間違いないが、もう一方で「視聴者」という立場の自己確認という側面もある。もちろん、先ほど述べたように、退屈ななかにも面白い番組との〝出会い〟があること、そのささやかながら幸福な体験の蓄積が、テレビと私たち視聴者の関係性をより密接なものにもしてきた。だがだからと言って、退屈イコール排除されるべき悪なわけではない。だから、近年「テレビがつまらない」という物言いが儀礼的な自己確認からストレートな本音の表出へと変質しつつあるとすれば、それは番組の質の低下やネットの普及がもたらす問題というよりは、私たちが「視聴者」であることに本質的な意味を見出せなくなっているからではなかろうか。

そうなった理由はなにか？　ひとつには、私たち視聴者自身が退屈の重要性を忘れ、いつしか「面白主義」に陥っていたからだろう。

本書でも述べてきたように、一九八〇年代以降、テレビは「ボケとツッコミ」「フリとボケ」など笑いに関わるコミュニケーションのスタイルを自作自演の構図の骨格として取り入れた。そして笑いをベースにした「祭り」、それが自作自演の基本モードになっていく。

その結果、バラエティがテレビ全般を代表する番組ジャンルに昇格した。言い方を換えれば、テレビ番組のメタジャンルになったのである。

そこには、バラエティが他のジャンルに比べて最も容易に視聴者参加を実現できるという利点もあった。『天才・たけしの元気が出るテレビ‼』などについて見たように、プロでもアマでもない「素人」という独特のカテゴリーが確立されるほど、バラエティでの視聴者参加は進んだ。

要するに、テレビも視聴者も「面白主義」になったのである。退屈さのなかで時おり発見する面白さで十分だったものが、いつしかひとつのイズム、「面白主義」になってしまった。テレビはいつも面白くなければいけない、という意識が私たちを縛るようになった。それはささいな変化のようで、実はとても大きな変化だった。

「主義」となれば、そこに面白いものと面白くないものを選別しようとする力、面白さをめぐる競争原理が働き始める。面白さの優劣をつけようとする視線がテレビやその周囲を支配するようになるのである。二〇〇〇年代に始まる「M－1グランプリ」は、その象徴となるようなイベントであった。あるいは、多くの芸人が壇上に居並ぶ「ひな壇」と呼ばれるトーク番組のスタイルも、芸人間の序列と競争を可視化するものだった。

こうして、現実社会のなかで広がる格差の反映だけでなく、テレビ自体が自らのなかに「格差」を生む方向に動き出す。そしてその傾向が強まれば強まるほど、テレビと視聴者の関係にずれ、さらには亀裂が生じるようになる。「戦後民主主義」的な権利の行使としてテレビを見る視聴者に対し、テレビの側は「面白主義」はそのままに「格差社会」を前提にし始めるからである。

そのことは、テレビのバラエティ化の限界を暗示する。ここ数十年のあいだに、「面白主義」のもとに番組ジャンルを超えたバラエティ化が進んできた。一九九〇年代のドキュメントバラエティの登場は、その始まりを告げるものであった。また近年は、お笑い芸人が情報番組のMCやコメンテーターを務めることも驚くことではなくなっている（この点については、拙著『芸人最強社会ニッポン』（朝日新書）で詳しく論じているので、そちらを参照してもらいたい）。またそのことにも関連して、報道とバラエティの演出の差異も次第に見分けにくいものになっている。

ただ、だからと言ってテレビのバラエティ化を批判するのがここでの眼目ではない。「世の中には面白おかしくではなく、もっと真面目に伝えなければならない大事なことがある」という意見には、その通りと言うしかない。しかしここで着目したいのは、テレビ社会をそのひとつとするメディア社会のなかでの私たちの居場所の確保の問題である。

「視聴者」という居場所

戦後のテレビ社会のなかで、私たちは「視聴者」という居場所を得た。しかもそれが私たちにとって「戦後民主主義」を実現するひとつのかたちだったのではないかという話はすでに述べてきた通りだ。そのなかでどこにも属さずにいられる〝自由〟を獲得した私たちは、自作自演を習性とするテレビと適度な距離感を保ちながら「持ちつ持たれつ」の関係でやってきた。

しかしその関係が維持可能なのは、テレビもまた「戦後民主主義」的な価値を共有している限りにおいてのことである。テレビが「格差社会」を前提にするようになるとき、テレビと視聴者は「持ちつ持たれつ」のままではいられなくなる。

そうなったときには、たとえば視聴者にとってツッコミが持っていた元々の意味合いも変質してしまうだろう。

ツッコミは、ボケとともに笑いを生み出す共同作業の一端を担う限りにおいて〝自由〟と〝平等〟を維持するための手段になりうる。ボケの逸脱を誰にも理解可能なように軌道修正する一方で、ボケの自由さを際立たせて解放するのがツッコミの役割だからである。

ところが、「格差」を前提にした場では、ツッコミは単なる〝上から目線〟の物言いとして上下関係を際立たせ、固定化する方向に作用することになりかねない。さらに場合によっては抑圧的・暴力的にもなり、ツッコミといじめとの線引きをすることが難しくなる。ツッコミを受ける側である出川哲朗のような巧みなリアクション芸がここ最近になってとりわけ称賛されるようになったのも、そうした〝ツッコミの危機〟の裏返しだろう。

では、「視聴者」という居場所に安住していられなくなるとき、いったい私たちはどこへ向かうのだろうか？

その有力候補になっているのが、いうまでもなくインターネットである。前章でもふれたように、2ちゃんねる（5ちゃんねる）であれTwitterであれ、私たちはテレビ番組をリアルタイムで見ながら書き込んだりつぶやいたりする「実況」を日常的に行うようになっている。そこには、「視聴者」という居場所の再構築という一面が感じ取れる。

とはいえ、「視聴者」は居場所であると同時に隠れ場所でもある。繰り返しになるが、どこにも属さないでいられる〝自由〟、何者でもなくていい〝自由〟が視聴者の獲得した〝自由〟であった。それは平たく言えば、誰にも邪魔されずに好きなように楽しみ、また愚痴を言える〝自由〟である。

ネットにおいて、その〝自由〟が維持されるためにはまず匿名性が確保されなければならない。2

ちゃんねるやTwitterは、そのニーズに応えられる面を持つがゆえに日本において支持されたと見ることができる。

ところがもう一方で、視聴者の発する言葉自体は「見える」ものになっている。かつては家族や友人など狭い範囲でのみ共有され、またその場限りで消えていったような言葉が、ネットにおいては「見える」化し、不特定多数のひとが目にし得るものになる。

もちろんそれゆえに、私たちは互いに共感することが可能になり、視聴者の共同体がそこにあるのを実感することができる。だが視聴者言語の「見える」化は、ポジティブな感情だけでなくネガティブな感情も同様に増幅させがちだ。そして場合によっては「炎上」へと至る。そうなってしまったとき、意図的かどうかはともかく視聴者である私たちも「格差」を是認し、固定する側に回っているのであり、私たちはもはやテレビ社会が実現する「戦後民主主義」のなかで生まれ育った「視聴者」ではなくなってしまっている。

ポストテレビ社会とは

こうしてみると、私たちがこれまで通り「視聴者」という居場所を享受することは、もはや困難としか言いようがないのかもしれない。しかし、だからと言って長年にわたって守られてきた「視聴者」という居場所を完全に放棄するのも拙速だろう。

つまり私たちは、「ポストテレビ社会」が近づいているのを日々感じているのにもかかわらず、それをどう思い描けばよいのかまだわからずにいる。

ただ、ヒントになりそうな言葉はある。そのひとつにふれながら、テレビと戦後日本をたどり直してきたここでの旅をひとまず終えることにしよう。

哲学者の国分功一郎は、暇と退屈について倫理学的に考察した著書のなかで、「退屈と気晴らしが入り交じった生、退屈さもそれなりにあるが、楽しさもそれなりにある生、それが人間らしい生」であるとする。だが、「世界にはそうした人間らしい生を生きることを許されない人たちがたくさんいる。戦争、飢饉、貧困、災害——私たちの生きる世界は、人間らしい生を許さない出来事に満ち溢れている。にもかかわらず、私たちはそれを思考しないように生きている」（注：国分功一郎『暇と退屈の倫理学』、三五六頁）。

「退屈と気晴らしが入り交じった」「人間らしい生」を生きる人びと。それはそのまま戦後テレビを見続けてきた「視聴者」でもあるだろう。しかしながら、世界を見渡せばそうした生を許された人びとばかりではない。私たちはその事実を見てみぬふりをして過ごしてもいる。

だが国分は、だからと言って「人間らしい生」を許された人びとをただそれだけで批判することはない。むしろ「人間らしい生」を全うすることこそが、次に進むため必要なことだと言う。

「退屈とどう向き合って生きて行くかという問いはあくまでも自分に関わる問いである。しかし、退屈と向き合う生を生きていけるようになった人間は、おそらく、自分ではなく、他人に関わる事柄を思考することができるようになる」（注：同書、三五六頁）。

ここでもう一度、第4章でふれた番組『ハイパーハードボイルドグルメリポート』を思い出してみてもいいかもしれない。

あの番組は、まさに退屈と気晴らしの象徴とも言える「グルメ番組」の体裁をとりながら、戦争や貧困などの極限状況のなかで生きる他人の生をとらえようとしていた。私たちは気晴らしを求める退屈な視聴者としてテレビをなんとなく見ているうちに突然その番組に出会い、思わず身を乗り出す。そして自分の気晴らしのために見始めたはずが、いつのまにか遠く離れた見知らぬ土地に生きる他人に関わる事柄を考えている。

戦後日本社会が受け取った「戦後民主主義」の理念。それを秘かに、かつ長年にわたって実現していたのがテレビと視聴者から成る「テレビ社会」であった。ただここまでたどってきたように、それは重要な転機を迎えている。「ポストテレビ社会」という言葉も現実味を帯びてきた。

しかし、「ポストテレビ社会」がかたちをとるとすれば、それはたとえばネットがすべてに取って代わるといったような「脱テレビ」を実現した社会ではないだろう。

『ハイパーハードボイルドグルメリポート』を見る体験が教えるように、退屈と気晴らしを繰り返しながらテレビを見続けるとき、自分の世界の外、他者が生きる世界に向けて私たちの視野が圧倒的に開かれる瞬間がある。それこそが、戦後日本的「テレビ社会」の後に来るもの、テレビの持つ可能性を引き継ぐものとしての「ポストテレビ社会」への扉なのである。

あとがき

本書はこれまであったどのテレビ論にもあまり似ていないはずだ。正確に言えば、既存のテレビ論をあまり気にせずに書かれた。むろんその功罪はあるだろう。ただこの場を借りて言わせてもらえば、そのように書くことが私にとっては自然だった。

序章にも述べた通り、視聴者であることは自由になることだというのが本書を貫くテーマであり、それは〝視聴者としての私〟の実感でもある。もう少し踏み込んだ言い方をすれば、私はテレビに救われてきた。それは面白い番組に出会ったとき、「なにかすごいものを見た」という興奮から起こる解放感のようなものである。本書は、そんな興奮の歴史を書こうとしたものであり、それゆえ私的テレビ史という側面を少なからず含んでいる。だから、それこそ普段テレビを見るように、肩肘張らず「どれどれ」と言ったノリで読んでもらうのが本書には一番ふさわしい。それにしてはちょっと「長い」と言われるかもしれないが、日本のテレビ放送が始まってからの65年ほどを丸々扱ったということでそのあたりは大目に見てもらえるとうれしく思う。

とはいえ、その「長さ」には私なりの必然的理由もある。大学時代から社会学という学問を学ぶなかで、〝視聴者としての私〟と〝社会学者としての私〟の二つが私のなかにいつしか同居するようになった。順番としては〝視聴者としての私〟が先なので、〝社会学者としての私〟が〝視聴者としての私〟を社会学的対象として発見したかたちである。

私の場合、親しく話をするようになると大体言われるのが「よくテレビを見てますねー」というセリフだ。時には半分呆れたように、「なんでそんなにテレビを見てるんですか？」と問いかけられることもある。そのとき私は虚を突かれたような感覚になる。テレビを見ることは私にとってあまりに日常だからだ。ただ〝社会学者としての私〟にとっては、「なぜ、自分はこんなにテレビを見るのか？」という問いはひとつの研究テーマになり得る。そして一九六〇年生まれの私が歩んできた時間は、日本の戦後の歴史とかなりの部分で重なっている。とすれば、〝視聴者としての私〟という存在を介することによってテレビと戦後日本社会の関係についてなにかを明らかにできるのではないか？そう考えたのである。

本書は、今回編集を担当していただいた船橋純一郎さんとはるか昔に交わされた約束から始まっている。ただ「なにか一冊書く」というその約束はずっと果たされないままになっていた。それが数年前ある場所で船橋さんに思いがけず再会し、そこから本書の企画が具体化した。そのタイミングでなければ本書はまったく違う内容のものになっていただろう。船橋さんには、数年前あの場所でよくぞ私を見つけ、声をかけてくださったと感謝したい。

二〇一八年一一月

太田省一

参考文献（五十音順）

書籍

相田洋『ドキュメンタリー　私の現場』日本放送出版協会、2003年。

浅田孝彦『ワイド・ショーの原点』新泉社、1987年。

伊藤隆行『伊藤Pのモヤモヤ仕事術』集英社新書、2011年。

井原高忠『元祖テレビ屋大奮戦！』文藝春秋、1983年。

伊豫田康弘／上滝徹也／田村穣生／野田慶人／八木信忠／煤孫勇夫『テレビ史ハンドブック　改訂増補版』自由国民社、1998年。

インターネット協会監『インターネット白書2001』インプレス、2001年。

碓井広義『テレビが夢を見る日』集英社、1998年。

NHKアナウンサー史編集委員会編『アナウンサーたちの70年』講談社、1992年。

NHK放送文化研究所編『テレビ視聴の50年』日本放送出版協会、2003年。

太田省一『芸人最強社会ニッポン』朝日新書、2016年。

大橋巨泉『ゲバゲバ70年！――大橋巨泉自伝』講談社、2004年。

鴨下信一『誰も「戦後」を覚えていない』文春新書、2005年。

北村充史『テレビは日本人を「バカ」にしたか？――大宅壮一と「一億総白痴化」の時代』平凡社新書、2007年。

久米宏『久米宏です。――ニュースステーションはザ・ベストテンだった』世界文化社、2017年。

古池田しちみ『月9ドラマ青春グラフィティ』同文書院、1999年。

国分功一郎『暇と退屈の倫理学』朝日出版社、2011年。

齋藤太朗『ディレクターにズームイン‼――おもいっきりカリキュラ仮装でゲバゲバ……なんでそうなるシャボン玉』日本テレビ放送網、2000年。

佐々木俊尚『ニコニコ動画が未来を作る――ドワンゴ物語』アスキー新書、2009年。

佐藤卓己『テレビ的教養――一億総博知化への系譜』NTT出版、2008年。

佐野眞一『巨怪伝――正力松太郎と影武者たちの一世紀』文藝春秋、1994年。

澤田隆治編著『漫才ブームメモリアル』レオ出版、1982年。

塩川寿一『どっきりカメラに賭けた青春』日本テレビ放送網、1996年。

白井隆二『テレビ創世記』紀尾井書房、1983年。

杉山茂&角川インタラクティブ・メディア『テレビスポーツ50年　オリンピックとテレビの発展〜力道山から松井秀喜まで〜』角川インタラクティブ・メディア、2003年。

関口宏『テレビ屋独白』文藝春秋、2012年。

瀬戸山玄『テレビを旅する』小学館文庫、1998年。

高田文夫/笑芸人編集部編著『完璧版　テレビバラエティ大笑辞典』白夜書房、2003年。

高橋圭三『私の放送史――ラジオ・テレビとともに50年』岩手放送/東山堂、1994年。

竹内宏介『さらばTV(ゴールデン・タイム)プロレス』日本スポーツ出版社、2004年。

竹内洋『教養主義の没落――変わりゆくエリート学生文化』中公新書、2003年。

田原総一朗『田原総一朗の闘うテレビ論』文藝春秋、1997年。

土屋敏男『電波少年最終回』日本テレビ放送網、2001年。

坪内祐三『一九七二　「はじまりのおわり」と「おわりのはじまり」』文春文庫、2006年。

徳光和夫『企業内自由人のすすめ』講談社、1987年。

富岡多恵子『漫才作者 秋田實』平凡社ライブラリー、2001年。

中川一徳『メディアの支配者(上)(下)』講談社文庫、2009年。

ナンシー関『聞く猿』朝日文庫、1999年。

日本放送出版協会編『「放送文化」誌にみる昭和放送史』日本放送出版協会、1990年。

萩本欽一『欽ちゃんつんのめり』読売新聞社、1980年。

萩元晴彦/村木良彦/今野勉『お前はただの現在にすぎない――テレビになにが可能か』田畑書店、1969年。

長谷正人/太田省一編著『テレビだョ!全員集合――自作自演の1970年代』青弓社、2007年。

引田惣彌『全記録 テレビ視聴率50年――そのとき一億人が感動した』講談社、2004年。

ダニエルJ.ブーアスティン『幻影（イメジ）の時代——マスコミが製造する事実』星野郁美／後藤和彦訳、東京創元社、1964年。

藤倉修一『マイク人生うらおもて』エイジ出版、1982年。

フジテレビ調査部編『楽しくなければテレビじゃない——八〇年代フジテレビの冒険』フジテレビ出版、1986年。

ホイチョイ・プロダクション『OTV』ダイヤモンド社、1985年。

星浩／逢坂巌『テレビ政治——国会報道からTVタックルまで』朝日選書、2006年。

増田俊也『木村政彦はなぜ力道山を殺さなかったのか』新潮社、2011年。

三宅恵介『ひょうきんディレクター、三宅デタガリ恵介です』新潮社、2015年。

村松友視『私、プロレスの味方です——金曜午後八時の論理』情報出版センター出版局、1980年。

————『力道山がいた』朝日文庫、2002年。

山本七平『「空気」の研究』文藝春秋、1977年。

横澤彪『犬も歩けばプロデューサー——私的なメディア進化論』日本放送出版協会、1994年。

吉澤一彦『やじうま日記——私的・ニュースを楽しむ方法』アスキー、2001年。

吉田直哉『私のなかのテレビ』朝日選書、1977年。

————『映像とは何だろうか——テレビ制作者の挑戦』岩波新書、2003年。

吉野伊佐男『情と笑いの仕事論——吉本興業会長の山あり谷あり半世紀』ヨシモトブックス、2014年。

吉野嘉高『フジテレビはなぜ凋落したのか』新潮新書、2016年。

読売新聞大阪本社文化部編著『上方放送お笑い史』読売新聞社、1999年。

読売新聞芸能部編『テレビ番組の40年』日本放送出版協会、1994年。

雑誌論文

小此木啓吾「モラトリアム人間の時代」『中央公論』1977年10月号、64-102頁。

調査報告

総務省「平成28年情報通信メディアの利用時間と情報行動に関する調査報告書」

雑誌
『宝島』1984年1月号

ムックなど
ステラMOOK『放送80年――それはラジオから始まった』NHKサービスセンター、2005年。

テレビ検定運営委員会編『テレビ検定公式テキストvol.1』東京ニュース通信社、2013年。

別冊ザテレビジョン『ザ・ベストテン～蘇る80's ポップスＨＩＴストーリー』角川インタラクティブ・メディア、2004年。

洋泉社MOOK『80年代テレビバラエティ黄金伝説』洋泉社、2013年。

『天才・たけしの元気が出るテレビ!!』日本テレビ放送網、1986年。

『懐かしのトレンディドラマ大全』双葉社、2009年。

ウェブ記事
「「おっさんずラブ」架空第8話に脚本家エア実況参加」日刊スポーツ、2018年6月10日付。（https://www.nikkansports.com/entertainment/news/201806100000358.html）
「Twitterが国内ユーザ数を初公表「増加率は世界一」」The Huffington Post、2016年2月18日付。（https://archive.is/20170214143442/http://www.huffingtonpost.jp/2016/02/18/twitter-japan_n_9260630.html）
「日本でTwitterを普及させた第一人者が語る、Twitterのこれまでの10年と今後」ソーシャルメディアラボ、2016年6月3日付。（https://gaiax-socialmedialab.jp/post-39058/）

著者紹介

太田省一（おおた・しょういち）

1960年生まれ。社会学者、文筆家。東京大学大学院社会学研究科博士課程単位取得満期退学。テレビと戦後日本社会の関係が研究および著述のメインテーマ。それを踏まえ、現在はテレビ番組の歴史、お笑い、アイドル、歌謡曲、ネット動画などについて執筆活動を続けている。著書として『マツコの何が“デラックス”か？』（朝日新聞出版）『テレビとジャニーズ』（blueprint／垣内出版）『芸人最強社会ニッポン』（朝日新書）、『SMAPと平成ニッポン』（光文社新書）、『ジャニーズの正体』（双葉社）『社会は笑う・増補版』『中居正広という生き方』『木村拓哉という生き方』（青弓社）、『紅白歌合戦と日本人』『アイドル進化論』（筑摩書房）などがある。

テレビ社会ニッポン——自作自演と視聴者

2019年　1月10日　第1刷発行

著　者　太田省一

発行者　船橋純一郎

発行所　株式会社 せりか書房　〒112-0011 東京都文京区千石 1-29-12 深沢ビル
　　　　電話：03-5940-4700　振替 00150-6-143601　http://www.serica.co.jp

印　刷　信毎書籍印刷株式会社

装　幀　工藤強勝 + 勝田亜加里

ISBN 978-4-7967-0378-9